はじめに

　この本を手に取っていただきありがとうございます。本書は作品集というスタイルの本であり、私がこれまで（2024年7月まで）に作成した代表的な「切り絵作品」を収録しています。ただし、ただの切り絵アートではなく、数学的な背景や精神をもとに作成された"数学的切り絵アート"となっています。本書は作品集という側面だけでなく、モチーフとなった数学のトピックや構造、考え方などを私なりにまとめた解説書としての役割も備えています。「数学」と聞くと、難しい印象を抱く方も多いと思いますが、本書は基本的に数学を全く得意としていない方（非専門家）向けになるべくわかりやすく、かつ興味を持っていただけるように解説しています。なお、数学が好きな方でも楽しんでいただけるように、必要最小限ではありますが、ところどころに数式や専門用語も登場しています。数学を直接的に用いたアートは過去多くの芸術家たちが残していますが、その細かい解説や考え方を作品集の中でまとめてあるものはあまりないため、本書のような「作品解説集」なるものを作ってみようと思いました。数学には、様々な美しい現象や構造が見られます。それらを可視化し、1つの作品として昇華したものを多くの方に見てもらい、数学の美しさや面白さを知っていただければいいなと思っています。

　最後に、このような本を書く機会を与えてくださった技術評論社の成田恭実様を始め、本書の制作に携わっていただいた全ての皆様に感謝申し上げます。

■1. 数学の美しさとは

数学の持つ「美しさ」は大きく以下の3つに分かれると言われて

① 手法としての美しさ
② 結論としての美しさ
③ 経験としての美しさ

　まず①は、論理の展開や定理の証明に対して感じるものであり、回りくどい説明よりも、一言で納得できるような"スマート"な説明にある種の「美しさ」を感じるものに近いと思います。②は、それに至るまでの理由や説明は一旦おいておき、最終的な結論のシンプルさや驚くべき内容に対して「美しさ」を感じるものです。最後の③は、実際に手を動かして、その思考や解決に至るまでのストーリーに対して「美しさ」を感じるものとされています。数学的なアートの最もシンプルな例として、図形や幾何学模様の作成（作図）が挙げられます。描き方やテクニックが①、できあがる図形の美しさが②、実際に作図することでしか得られない面白さや達成感が③に対応しています。よく、作図を行った際に残る複雑な補助線や円弧たちはそのままにしておいた方がなんだか様になっているように感じたことはないでしょうか？　これは実際に作図に挑むことで得られる経験としての美しさに近いものだと考えています。切り絵も同じく、切り方のコツやできあがった作品だけでなく、ぜひとも実際に切って、その美しさを体感していただきたいと思っています。

■2. 切り絵という手法

　切り絵とは、その名の通り、紙を切り抜いて絵を描く、伝統的な絵画手法の1つです。その歴史は古く、インドの砂絵で使われた型紙や中国の剪紙などに始まり、それが海を渡って日本にも伝わりました。切り絵の表現は徐々に変化していき、動物や人の簡易的な絵や写実的な切り絵など様々な作品があります。基本的に切り絵は1枚のつながった紙で表現されます（もちろん、いくつかに分離したものや色を変えて貼り付けるといった表現方法もあります）。そのため、全て線がつながっているなど、下絵に対してある程度の制限がかかります。こうした制限のもとで、紙の性質を活かした、切り絵にしかできないような美しい表現や様々なカッティング技法が考えられています。

図1　数学をモチーフにした切り絵作品

　本書で紹介していく、図1のような数学的なデザインをモチーフにした切り絵は、「緻密さ」を大きな特徴にしています。デジタル技術が発展し、レーザーカッターや3Dプリンターなどを使った様々な緻密表現が可能になっている中、筆のかすれや0.1mmレベルのカッティングなど、人の手でしか作り出すことができない独特な表現を大事にしています。また、私が作成している切り絵には「数学的なデザイン」以外にも大きな特徴があります。1つは複数のアクリル板を用いた多層構造です。3～5枚（多いときには10枚程度）の透明なアクリル板の各層に切り絵を挟むことで、切り絵が浮いているような不思議な表現が可能になります（図2参照）。

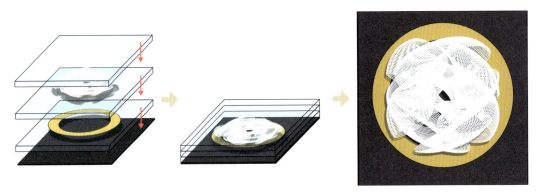

図2　アクリル板に切り絵を挟む

■3. 本書の構成

　本書は最初に述べたように切り絵アートの「作品解説集」となっており、各作品のモチーフとなった数学的なトピックをできる限り解説していきます。数学的な背景を知ることで、私自身も感じてきたように、様々なアイデアや刺激を得ることができます。

　本書は切り絵のモチーフやその数学的背景によって大きく5つの章に分けて収録しています。また、各作品に関しては基本的に作品画像を左ページ、その解説を右ページという配置にしています（解説が長くなる場合はさらに2ページ延長する作品もあります）。いずれにしても見開きで作品とその背景を楽しめるような構成にしています。また、解説については、専門家ではなく数学もしくはアートそのものに興味を持っていらっしゃる方向けの書き方になっています。そのため、図形の細かい作り方や証明などはほとんど記載していません。作成方法に関しては拙著『アートで魅せる数学の世界』（技術評論社）において一部解説をしていますので、興味のある方はぜひそちらも合わせてご覧ください。

　では、各章の内容について簡単に紹介していきましょう。まず第1章では「数の性質」を利用したアートについて紹介していきます。特に、整数の性質は理論としても大変面白いですが、可視化するとその奥深さを視覚的に体感することができます。「素数」や特殊な数の列を用いた「糸掛け曼荼羅」、方程式から定まる「代数多様体」など、多くのトピックが登場します。

図3　糸掛け曼荼羅を切り絵にする作業

第2章では、「タイリング」や「イスラム幾何学」といった、単純な図形を組み合わせてできる模様を中心とした切り絵作品を紹介します。様々なタイリングや数学的性質を多層の切り絵で表現することで、美しい図形の世界を味わうことができます。

図4　イスラム幾何学のカッティング作業

さらに、第3章では「フラクタル図形」をモチーフにした切り絵作品を、幾何学的な性質とともに紹介します。フラクタル自体が比較的新しい概念であり、コンピュータの発展とともにそのビジュアルに注目が集まり、現在でも多くのアーティストが様々な手法を用いてアートに取り入れています。

続く第4章では、立体的な図形の切り絵を紹介していきます。個人的には、数学的な切り絵の面白さはこの「立体感」に詰まっていると考えています。現代では、コンピュータを用いることで、立体図形の正確な描写が比較的容易になっています。こうした正確な立体図形の「絵」を極限まで忠実にカッティングすることで、立体感を失わずに切り絵にすることができます。切り絵を透明なアクリル板に挟みこむことで影ができ、平面の紙であるにも関わらず立体感を感じる不思議な表現ができます。

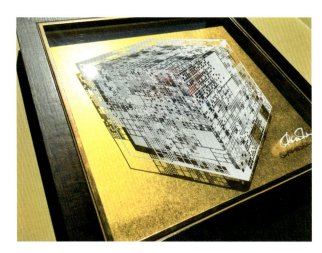

図5　立体感のある切り絵作品

　第5章では、第1～4章までで扱わなかったトピック、その他のモチーフの作品を紹介していきます。カオス理論や結び目理論、そして突然のマヌルネコさんなど、バラエティに富んだ作品が収録されています。

■4. 切り絵に関するよくある質問コーナー

Q. 切り絵を始めようと思ったきっかけは？

A. 割と素朴な理由で、テレビの切り絵特集を観たのがきっかけです。リアルな絵やラフな絵が浮いているような不思議な表現に魅力を感じ、早速自分でもやってみようと思いました。切り絵に必要な道具はデザインナイフ（カッター）、カッターマット、紙だけなので、比較的始めやすかったのもハマった理由の1つです。そして何より、道具を揃える際にカッターは120円だったのに対し、カッターマットは"800円"（お店にはこれしかなかった）と、微妙に高額だったのです。これにより、「1回でやめるのはもったいないから何回か頑張ってみよう…！」と決心したのが、切り絵を今まで続けていられる理由の1つだと思っています。ありがとう、800円のカッターマット。

Q. 切り絵の面白さは？

A. 絵が3次元の世界の中で浮かび上がるという不思議な様子が切り絵の面白いところだと思います。平面の紙に描いた立体的な絵を切り絵にして浮かせることで、2次元なのか、3次元なのか、脳内が若干パニックになるような感覚が特に興味深いと感じています。これは、「だまし絵」を見るときの感覚に近いものだと思っています。

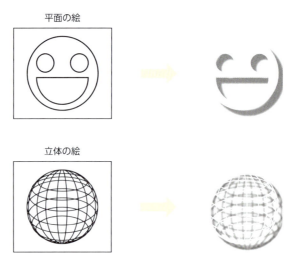

図6　切り絵の表現の面白さ

Q. 1つの作品にどれぐらい時間がかかるの？

A. 細かい作品だと3か月以上かかるものもあります。中には2週間や1か月以内で完成するものもあり、平均して約1か月程度だと思います。しかし、複数の作品（いつもはだいたい5作品ぐらい）を同時並行で進めていくので、作品は短いスパンでどんどん完成することがあります。というのも、1つの作品だけをちまちま切っていくと、延々と続く作業に感じられ、虚無感みたいなものに襲われることがあります。そこで、テイストの違う作品に交互に取り組むことで、飽きないように工夫しています。しかし、いずれにしてもある程度の忍耐力は必要になる作業です。

Q. ミスをしたときはどう対処する？

A. ミスは大きく分けて「リカバリー可能なミス」と「リカバリー不可能なミス」の2種類があります（図7）。「リカバリー可能なミス」とは、一部が切れてしまったものの、紙自体はつながっている（連結である）場合のことを指します。最終的に作品はアクリル板で挟むため、紙がつながっていれば、あまり問題はありません。しかし、紙のつながりが切れてしまった場合（これを「リカバリー不可能なミス」と呼んでいます）、どうしようもないので、こうなる前に水のりなどで修復をしておきます。

図7　リカバリー可能・不可能なミス

「リカバリー可能なミス」の場合であっても、長時間そのままにしておくと紙の強度が落ち、制作中に手が当たったときなどにちぎれてしまうことがあります。そのため、ちぎれかけているときや片方が切れてしまった場合は早急に水のりで修復をし、取り返しのつかないミスの発生を防ぎます。なお、私はカッティング時のミスはほとんどしませんが、一度だけ保管時に誤って作品の大部分を損傷してしまったことがあります（しかも完成間近…）。3時間におよぶ大規模な修復作業を行い、どうにか元の形に戻すことができました。ちなみに、一度大破し修復した作品は、本書に収録されています。どの作品かわかりますか？

Q. どのようにアイデアを生み出している？

A. そんなに特別なことはしていません。「インプットをして、じっくり整理する」という流れです。具体的には、数学の本を読んだり、街を散歩して建物やデザインを眺めたり、美術館や展示会などに伺い、情報や刺激をインプットします。そのときにアイデアが出てくることもありますが、作品にするときの色合いや重ね方、配置など、細かい部分の計画が立たないと切り始められないので、そこからじっくりと頭の中で考え続けます（ここが一番長いかもしれません）。考える場所は近所の銭湯の水風呂が多いです。私の行く銭湯は水風呂から壁の富士山がしっかり見えてとても居心地よく、頭の整理がつきやすく感じます。あとは寝る前に目を閉じて頭の中で考え続けます。数学の問題も寝る前にしっかり考えておくと、翌朝整理されて何かしら解決できることが多かったので、それと同じ感覚でアイデアの整理を行います（しかし、高確率ですぐに寝落ちしてしまうのです）。

Q. 切り絵はどうすれば上達する？

A. とにかくたくさん苦労することが大切です。苦労したぶんだけ達成感が大きく、その達成感がそれまでの苦労を帳消しにしてくれます（むしろプラスになります）。この繰り返しでどんどん切っていきましょう。

さらに、どうすれば切りやすくなるかを試行錯誤することで、切り絵は上達すると思います。紙を切る際に、「切りやすい向き」というのが必ずあります。自分の得意とする方向を認識し、下絵の向きを変えたり体勢を変えたりして、なるべく切る際のストレス軽減を試みましょう。

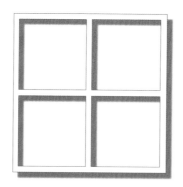 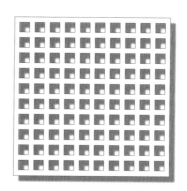

図8　穴が大きい切り絵（左）に比べて細かい穴の切り絵（右）の方が安定している

また、意外に思うかもしれませんが、細かい（＝開ける穴が小さい）下絵の方が簡単なこともあります。開ける穴が大きいぶん、紙の構造が不安定になり、少しミスをしただけで全体の見栄えが悪くなってしまうことがあります。これに対して、小さい穴をたくさんあけても紙の構造は比較的安定しています（図8）。そのため、途中で致命的なミスは起こりにくく、細かいミスはそもそも目立たないので、ぱっと見はきれいな作品に見えます。何度も切っていけば細かいミスがなくなるので、切り絵の上達に直結すると思います。

Q. 長時間集中するコツは？

A. コツになるのかは分からないですが、とにかくリラックスして心を落ち着かせます。ちょうど禅や瞑想のような感覚です。変に焦ってしまうとよい切り絵はできませんので、自分のペースで確実に切っていくのが大切だと思います。また、集中がある程度長く続けば「ゾーン」に入ることがあります。ゾーンに入ると、あまり目で確認していなくても次々と正確に切れていきます。この感覚が楽しくて切り絵にハマる方もいらっしゃると思います。

Q. まっすぐな線に沿って切るときは定規を使いますか？

A. これはよくいただく質問ですが、答えは「No」です。定規を使うと、デザインナイフの刃を定規に寄せすぎてしまい、定規を傷つけてしまいます。また、定規を傷つけないように遠慮してしまうと、定規の反対側に刃が進み、結局まっすぐ切れなかったりします。どんな場合でもそうなるわけではないですが、定規は多用しない方がミスを防げます。また、まっすぐな線があると、人間は線に沿ってまっすぐ切ることができます（ハサミでは難しいですが、カッターやデザインナイフの場合は意外にも簡単に切れます）。

Q. 色の使い方にこだわりはある？

A. あります。個人的に和風のデザインが好きなため、白黒のモノトーンカラーに加え、アクセントを加えるために金や赤を使います。本書でも「白黒赤金」を中心とした配色の切り絵作品が多く収録されています。また、線の細かさを強調するために、細かい線の部分を白などの明るい色にして、背景を黒や赤、金などの濃い色にすることが多いです。逆に細い線の部分を黒にすると、線が膨張して見えてしまうことがあります。図9は、細かい曲線を白線にして背景を黒にしたもの（左）と、曲線を黒にして背景を白（右）としたものです。線の太さは同じですが、黒い線の方が太く見えることがわかると思います。

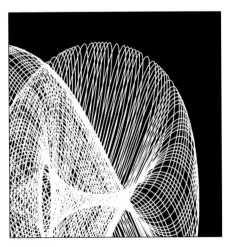 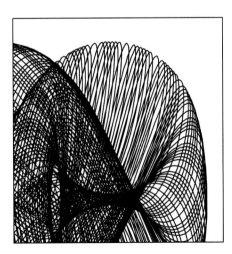

図9　白線に背景黒（左）と黒線に背景白（右）

目次

はじめに ——————————————————————————————————————— iii

第1章　数の構造とその美しさ 　　　　　　　　　　1

　1.1　糸掛け曼荼羅 ———————————————————— 2

　1.2　カラビ・ヤウ多様体 ———————————————— 24

第2章　繰り返し模様と折り紙の美しさ 　　　35

　2.1　タイリング ——————————————————————— 36

　2.2　折り紙と数学 ————————————————————— 46

　2.3　イスラム幾何学 ———————————————————— 52

コラム　M.C.エッシャーのタイリングアート 　　　　58

第3章　フラクタルの美しさ 　　　　　　　　　　59

　3.1　平面のフラクタル ——————————————————— 60

　3.2　立体のフラクタル ——————————————————— 72

コラム　ドラゴン曲線と折り紙 　　　　　　　　　　78

第4章　3次元の美しさ 　　　　　　　　　　　　79

　4.1　立体図形と緻密な模様 ————————————————— 80

　4.2　立体図形の変形 ———————————————————— 90

　4.3　4次元の可視化 ———————————————————— 104

コラム　トポロジーのトリック 　　　　　　　　　112

第5章　その他のモチーフ 　　　　　　　　　　113

作品リスト —————————————————————————————— 134

関連図書 ——————————————————————————————— 144

索引 ———————————————————————————————————— 145

著者プロフィール ——————————————————————————— 147

第 1 章

数の構造とその美しさ

数（すう）の世界はとても深淵で、未解決の問題が数多く存在します。それと同時に、美しい理論が豊富に存在し、私たち人類（特に数学者）を魅了し続けています。こうした数の理論や構造を可視化し、アートという形で表現することで、新たな視点や価値を見出せるのではないか。そう信じて私は数の世界の一端を切り絵で表現してみようと思いました。

1.1 糸掛け曼荼羅

　糸掛け曼荼羅とは、規則的に並べられた釘に一定のルールに従って糸を掛け続けることでできるアートのことを指します。最もスタンダードなものは、円周上に等間隔に釘を打ち、5個飛ばしや7個飛ばし、といった具合に一定の間隔をあけて糸を掛けていくことで作成されます。「曼荼羅」という言葉はサンスクリット語で「中心」や「本質を有するもの」といった意味が込められており、仏教的な世界観を表現した絵や模様を指します。糸が重なり合ってできる美しい模様は、複雑に見えて実は数の性質の本質のようなものを捉えている（＝可視化している）と考えることができ、まさに「曼荼羅」と呼ぶにふさわしい模様になっています。日本語では「糸掛け曼荼羅」といいますが、海外では「ストリング・アート」と呼ばれ、少し広い意味で捉えている印象です。

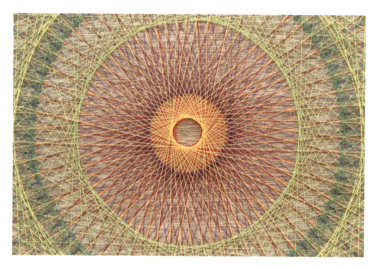

図1.1.1　糸掛け曼荼羅

　糸掛け曼荼羅は糸を掛けていく際の「規則」や「ルール」といった部分がとても数学的な構造になっていることから、教育の現場でも教材として使われることがあります。実際に教育者として有名なルドルフ・シュタイナーは、独自の教育カリキュラムの中で糸掛け曼荼羅を教材に取り入れました（そのため、「シュタイナーの糸掛け曼荼羅」とも呼ばれています）。

　例えば、図1.1.2のように、12個の釘を等間隔に打ち、糸を3個隣に掛け続けていくと、4回で元の位置に戻り、正方形を描きます。また、4個隣に掛け続けると3回で元の位置に戻り、正三角形を描きます。しかし、5個隣に糸を掛け続けると、12個全ての点を通り、複雑な模様ができあがります。このように、規則をどのように設定するかで、できあがる模様は大きく変わります。

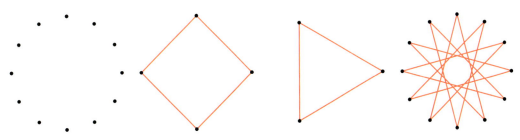

図1.1.2　糸を掛ける様子

　つまり、糸掛け曼荼羅の作成には少なからず計画（＝計算）が必要であることがわかります。こうしたところに数学、特に「整数の性質」といった分野がかかわってくるため、奥行きのあるアートと考えることができます。なお、糸掛けの方法は等間隔に掛けるだけではなく、一定のルールに従って間隔を変化させても面白い模様を描くことができます。これは、釘に番号を振り、与えられた規則的な数の列（＝数列 $\{a_n\}$）に対応させることで糸掛け曼荼羅を作成できます。例えば、差が等しい数列（等差数列：$a_n = pn$ 型）の場合、シュタイナーの糸掛け曼荼羅のような最も基本的な模様が作成されます。他にも、ややトリッキーですが偶数番目と奇数番目で周期が変わる次のような数列を考えてみます。

$$a_n = \begin{cases} pn & (n \text{ が偶数}) \\ qn & (n \text{ が奇数}) \end{cases}$$

例えば、$p = 3, q = 8$ のとき、数列 a_n は

$a_0 = 0, \ a_1 = 8, \ a_2 = 6, \ a_3 = 24, \ a_4 = 12, \ a_5 = 40, \ a_6 = 18, \ a_7 = 56, \ a_8 = 24, \ \ldots$

となります。このような数列で糸掛けを行うと次のような模様が描けます。

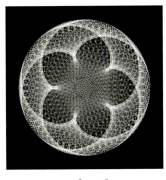

$p = 3, q = 8$　　　　　　　　　$p = 13, q = 7$

図1.1.3　偶奇で掛け方を変化させる糸掛け曼荼羅

Title：「Rinne」(2023年)，220mm × 273mm
「輪廻」とは仏教に関する言葉で、「回転する車輪が何度も同じ場所に戻るように、命を持つものが生命の転生を無限に繰り返す様子」を表す。

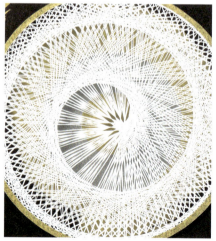

[数学的な解説]

　この作品における糸掛け曼荼羅の構造は特殊なものになっています。糸の掛け方は図1.1.4のように、5番目に掛けて、1番目に戻る。その後6番目に掛けて2番目に戻る。という具合に1つずつずらしながら往復するような糸の掛け方を考えます。

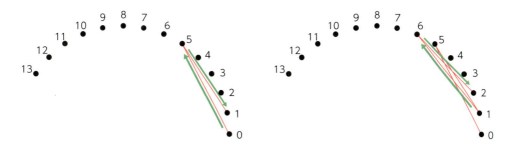

図1.1.4　特殊な糸の掛け方①

　この操作を「5回」繰り返します（なお、この操作を「間隔5の1つズレの5往復」と呼ぶことにします）。この時点で5番目の点まで糸が掛かっており、同じ操作だと次は10番目に糸を掛けることになるのですが、ここで1つ飛ばして11番目に糸を掛けます。ここから「間隔6の1つズレの5往復」の操作を行います。

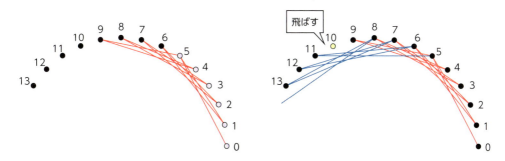

図1.1.5　特殊な糸の掛け方②

　つまり、「間隔5の1つズレの5往復」で糸を掛けたあと、1つ飛ばして、「間隔6の1つズレの5往復」また1つ飛ばして「間隔7の1つズレの5往復」…といった具合の操作を施します。こうすることで、糸の掛け方のズレかららせん状の縁が現れます。

　こうした複雑な糸の掛け方を釘の番号の列（数列）で表すと

$$0, 5, 1, 6, 2, 7, 3, 8, 4, 9, 5, 11, 6, 12, 7, 13, 8, \cdots$$

となります。なお、この数列を $\{a_n\}_{n \geq 0}$ とすると一般項は次のようになります。

$$a_{2k} = k, \quad a_{2k+1} = \left[\frac{k}{5}\right] + k + 5$$

　ただし、$k \geq 0$ とします。このように、糸の掛け方を「数列」の規則と考えることで、糸掛けの一般化や構造の理解が深まります。

第1章　数の構造とその美しさ

Title：「Mugen」(2023年)，220mm × 273mm
「無限」とは、言葉の通り「限りのない様子」を表す。
数の構造や宇宙の謎など、あらゆるところに「無限」は現れる。
例えば 2, 3, 5, 7, 11,… といった、数の"原子"である素数は「無限」に存在する。

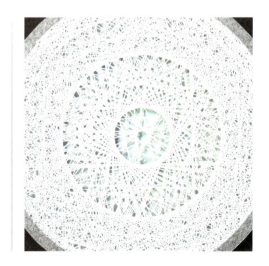

[数学的な解説]

　この作品における糸掛け曼荼羅は「素数」を利用しています。$6 = 2 \times 3$、$15 = 3 \times 5$ のように、整数は素因数分解できます。素数とは、簡潔に言うと、「これ以上分解できない最小単位」になります。具体的には

$$2, 3, 5, 7, 11, 13, 17, 19, 23, 29, 31, 37, 41, 43, 47, 53, 59, 61, 67, 71, 73, 79, 83, 89, 97, \ldots$$

という数になります。化学における"原子"のようなものです。しかし、原子とは違って素数は無限に存在することが知られており、数の理論の深遠さを垣間見ることができます。

　古来より、素数の不思議な性質に関して様々な研究がなされてきました。特に 18 世紀に入ってからは、オイラーやルジャンドル、ガウスといった数学者によって、素数の無限性や分布の理論が急速に発展していきました。素数の列には一見何の規則もないように見えますが、x 以下の素数の個数を表す関数 $\pi(x)$ の振る舞いに関して次のような（漸近的な）規則を見つけることができます（素数定理）。

$$\pi(x) \sim \frac{x}{\log x}$$

　ここで「$\sim$」とは、x が十分大きいとき、2 つの関数は似た挙動になるという意味です。つまり、$\pi(x)$ は $x / \log x$ で近似できるということを表しています。

　また、素数の規則や挙動を理解するということは、n 番目の素数 p_n の特徴を捉えることとなります。しかしながら、p_n に関する考察は単純なものではなく、数多くの未解決問題が残されています。例えば有名なものとして「双子素数予想」というものがあります。双子素数とは、p_n と $p_n + 2$ が互いに素数であるような組のことです。つまり、隣接する素数の差 $p_{n+1} - p_n$ が 2 であるような組 (p_n, p_{n+1}) を指します。「このような組は無限に存在するのではないか？」というのが、双子素数予想です。素数が無限に存在していることは知られていますが、双子素数の無限性はいまだ証明されていません（2024 年現在）。

　こうした、数の深淵な世界が広がる「素数列」を用いて糸掛け曼荼羅を作成するとどのような模様ができるのか？　興味が湧いてくるのはとても自然なことであると思います。実際に素数列の定数倍で定義される列

$$2N, 3N, 5N, 7N, 11N, 13N, 17N, 19N, 23N, 29N, 31N, 37N, 41N, 43N, \ldots$$

を用いて糸掛け曼荼羅を作成したのが本作品です。なお本作品は、円周上に 691 個の釘を打ち、$N = 496$ で糸を掛けたものになります。

　糸掛け曼荼羅において等しい差の列（等差数列）によって円形の縁が内側に現れます。このような複数の線や曲線の集まりによってできる曲線を「包絡線」と呼びます。つまり、等間隔に（等差数列に従って）糸を掛けることにより、円形の包絡線ができあがります。

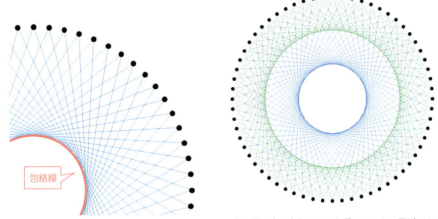

糸の掛け方を変えたものを重ねることで層ができる

図1.1.6　等差数列による糸掛けと円形の包絡線

ここで素数の列に話を戻しましょう。なお、素数は2を除くと全て奇数であることから、基本的に差は偶数になります。また、素数と素数の間隔には制限がありません。例えば、$N! + 1$という数を考えてみましょう。このような数は$N! + 2, N! + 3, ..., N! + N$が全て合成数になる（$2 \leq k \leq N$のとき、$N! + k$は必ず$k$で割り切れる）ことから、連続して$N - 1$個の合成数が現れます。つまり、いくらでも素数でない数の列（「素数砂漠」といいます）が構成できることがわかります。素数間の間隔は2, 4, 6, 8, 10という具合にいくらでも考えられます。言い換えると、素数列には公差が2, 4, 6, ...といった等差数列が部分的に（未解決問題ですがおそらく無限に）含まれています。こうした部分的な等差数列の存在により、何層もの包絡線を含んだ美しい模様ができあがります。

さらにこの作品では、背景の模様にもこだわっています。結論からいうと、この模様は「ガウス素数」と呼ばれる数をモチーフにしています。詳しく解説していきましょう。通常素数とは、「それ以上素因数分解できないもの」という認識だと思います。しかし、数を複素数の世界に拡張することによってさらに分解できることもあります。複素数とは、2乗して-1になる虚数i（$i^2 = -1$）を含んだ数の体系であり、2つの実数a、bを用いて$a + bi$という形で表現できます。特に、aとbが整数であるとき$a + bi$の形で表せる複素数の集合を「ガウス整数」と呼びます。いわば、複素数の世界へ拡張された整数のようなものです。計算例を考えてみましょう。$a + bi$と$c + di$の和と積は次のようになります。

$$(a + bi) + (c + di) = (a + c) + (b + d)i$$
$$(a + bi)(c + di) = ac + adi + bci + bdi^2 = (ac - bd) + (ad + bc)i$$

以上の計算を踏まえて、通常の世界における素数5を考えてみましょう。もちろん5はこれ以上素因数分解できないわけですが、ガウス整数の世界においては、次のように分解できてしまいます。

$$5 = (2 + i)(2 - i)$$

和と差の積の公式 $(a+b)(a-b) = a^2 - b^2$ より、$(a+bi)(a-bi) = a^2 - (ib)^2 = a^2 + b^2$ であることから上の分解が確かに成り立ちます。これは、5 という素数が $a^2 + b^2$ という、2つの平方数の和で表現できることから導けます。では、どのような素数が2つの平方数の和で表現できるのでしょうか？ 実はこの問いに対する明確な答えがすでに知られています。

2を除いた4で割って1余る素数は必ず2つの平方数の和で一意に定まる。

なお、2 は $2 = 1^2 + 1^1$ と表せます。つまり、2と、5, 13, 17, 29, 37, 41, ... といった4で割って1余る素数たちは、必ず2つの平方数の和で表現ができます。また先ほどの考察から、こうした素数は

$$p = a^2 + b^2 = (a+bi)(a-bi)$$

という具合にガウス整数の積に分解できてしまいます。なお、分解されたガウス整数はそれ以上分解できず、4で割って3余る素数もガウス整数に分解できないことが知られています。したがって、これらはガウス整数の世界における"素数"と考えられ、「ガウス素数」と言われています。複素数はその構造から、平面上の点と考えることができ、ガウス整数は等間隔に並んだ格子点と考えることができます。この中でガウス素数に対応する部分を切り抜いた模様が本作品の背景になっています。

図1.1.7　ガウス素数の分布

Title:「Anthropos」(2023年), 200mm × 200mm
「Anthropos」とは、ギリシャ語で「人間」。
人間は「笑う」能力を本質的に持つ地球上で唯一の動物だと言われている。

[数学的な解説]

　この作品における糸掛け曼荼羅は「3の倍数と3のつく数」の列を用いたものになっています。ここで、「3のつく数」とは、自然数を10進数表示したときの各位の数字に3が含まれている数を指します。具体的には

$$3, 6, 9, 12, 13, 15, 18, 21, 23, 24, 27, 30, 31, 32, 33, 34, \ldots$$

といった列になります。集合の言葉でいうと、「1以上の3の倍数の集合」と「3のつく数の集合」の和集合です。一般項はとても複雑ですが、素数の列と同様に数の並びに等差数列がたくさん含まれていることから、これらの数を N 倍した列で糸掛け曼荼羅を考えると層構造ができあがります。

 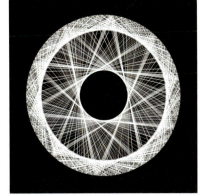

図1.1.8　1000個の点で $N = 409$（左）、$N = 601$（右）

　また、「3の倍数と3のつく数だけ0となる列」を考えます。具体的には

$$1, 2, 0, 4, 5, 0, 7, 8, 0, 10, 11, 0, 0, 14, 0, 16, 17, 0, 19, 20, 0, 22, 0, 0, 25, 26, \ldots$$

という列です。この列を N 倍した数列で糸を掛けると次のようになります。

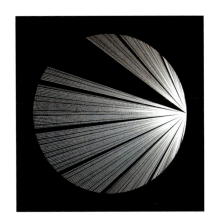 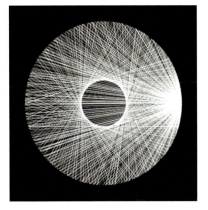

図1.1.9　1000個の点で $N = 1$（左）、$N = 409$（右）

Title:「Volatility」(2024年), 200mm × 200mm
規則のない「ランダム」な形を人の手で実現するのは非常に難しいとされている。
しかし、コンピュータを用いることで「ランダム」な形を表現することができる。

[数学的な解説]

　コンピュータを用いると、ランダムな数値（乱数）を発生させることができます。乱数を用いて、「ランダムな曲線」を表現し、その曲線上で糸掛け曼荼羅を行ったものを切り絵にしたのが本作品です。ランダムな曲線を描くアイデアは、円の半径をランダムに変動させるというものです。円という図形は、半径が一定になっていますが、これに対して、下の図のように半径をランダムにかつ滑らかに変動させることで「ランダムな曲線」を実現することができそうです。なお、ぐるりと一周まわしてできる曲線を数学では「閉曲線」といいます。

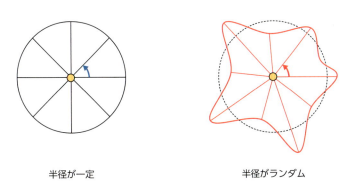

図1.1.10　半径をランダムにする

　つまり、円の半径を角度の関数としたとき、滑らかでランダムな曲線であればランダムな閉曲線が実現できそうです。しかし、半径の関数は「周期的」でないと、できあがる閉曲線は滑らかでなく、尖ってしまいます。

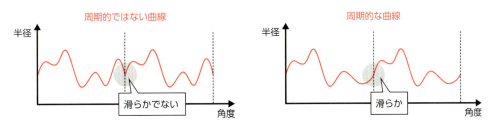

図1.1.11　半径の周期的な変動

　「ランダム」、「滑らか」、「周期的」という条件を満たす関数を構成するために、「フーリエ展開」を応用します。具体的には

$$r(\theta) := a_0 + \sum_{k=1}^{N} \left\{ a_k \cos(k\theta) + b_k \sin(k\theta) \right\}$$

という形を考えます。ここで、係数 a_n, b_n を乱数と設定することで条件を満たす周期 2π の関数を構成することができます。実際にはフーリエ展開は無限和の形ですが、コンピュータで無限の計算はできないので、有限個の和で考えれば十分です。

第 1 章 数の構造とその美しさ

Title:「Spira mirabilis」(2021 年), 200mm × 200mm
ヤコブ・ベルヌーイは、対数螺線の「拡大しても不変である」といった性質に魅了され、
ラテン語で Spira mirabilis (驚異の螺線) と呼んだ。

[数学的な解説]

「らせん」には、らせん階段のような3次元的（立体的）なものと、蚊取り線香のような2次元的（平面的）なものがあります。前者はHelixといい、「ヘリコプター」などの語源にもつながっています。漢字で書くと、「螺旋」となります。また、後者はSpiralといい、漢字では「螺線」と表現されます。このように英語や漢字の表現によって「らせん」は区別されています。今回の作品は平面的な曲線である「螺線」をモチーフにしました。

コンパスをぐるりとまわすことにより、「円」という図形が描けます。「円」は半径が一定であるのに対し、まわすにつれて半径が単調に増加（もしくは減少）していくことで描かれる図形を「螺線」と呼びます。半径を角度θの関数$r(\theta)$と考えたとき、$r(\theta)$が単調増加関数であれば螺線が作成できます。つまり、単調増加の関数の種類によって螺線の構造や形も変わってきます。例えば $r(\theta) = a\theta + b$（1次関数型）のときは「アルキメデス螺線」と呼ばれる螺線になります。

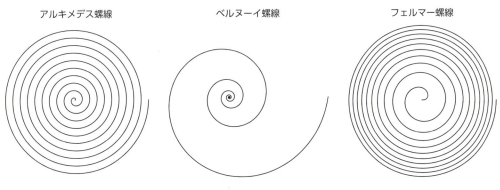

図1.1.12　様々な螺線

また、$r(\theta) = e^{a\theta+b}$（指数関数型）のときは「ベルヌーイ螺線」、$r(\theta) = \sqrt{\theta}$（ルート型の関数）のときは「フェルマー螺線」と呼ばれる螺線になります。さらに、こうした螺線上の点で糸掛けを行うと、味わい深い模様になります。

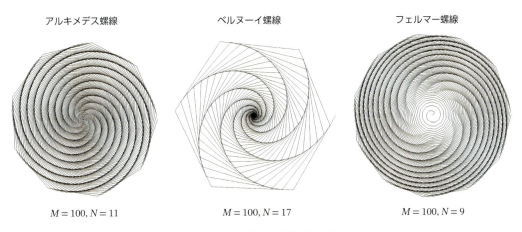

図1.1.13　螺線上の糸掛け曼荼羅

なお、作品「Spira mirabilis」はベルヌーイ螺線の$M = 100$、$N = 17$をモチーフにしています。

Title:「Triangle」(2021年), 203mm × 254mm
周期性の中にさらに周期性を持たせることで、
数学的な美しさはより深くなっていく。

[数学的な解説]

　この作品は、「ハイポトロコイド」という曲線をモチーフにしています。この曲線を説明するために、まずは「サイクロイド」という曲線から始めましょう。直線上で円が転がるとき、円周上の点の軌跡は次の図のようになります。

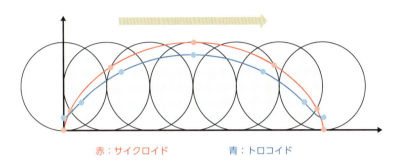

図1.1.14　サイクロイドとトロコイド

　この曲線を「サイクロイド」といいます。なお、円周上ではなく、円内部の点の軌跡が描く曲線を「トロコイド」といいます。次に、直線ではなく円の内側で小さい円を転がしてみます。

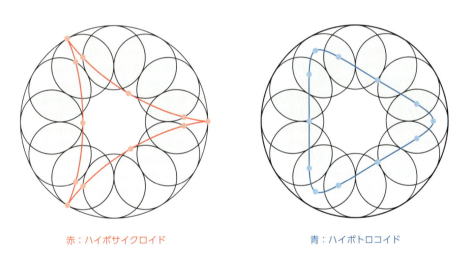

図1.1.15　ハイポサイクロイドとハイポトロコイド

　このとき、転がる円の円周上の点の軌跡を「ハイポサイクロイド」、円内部の点の軌跡を「ハイポトロコイド」といいます。特に、大きな円と内側を転がる円の比が3:1であるとき、ハイポトロコイドは滑らかな三角形型になります。この曲線上の点で糸掛けを施したものが本作品のデザインになっています。

Title：「Corazón」(2021年), 200mm × 200mm
人が「美しい」と感じるものの特徴はなんだろう？
対称性？　周期性？
時には非対称な形や非周期的な動きを入れてみるのも面白いかもしれない。

[数学的な解説]

円の内側を転がる小円の内部の点の軌跡を「ハイポトロコイド」といいました。では、円ではなく、別の曲線の内部を円が転がる場合、どのような曲線になるでしょうか？

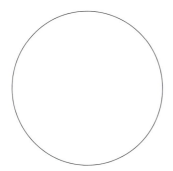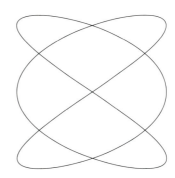

図1.1.16　円とリサジュー曲線

例えば、縦と横の周期をずらすことで得られる「リサジュー曲線」で考え、転がる円の大きさを変えるとどのような図形ができるでしょうか？　ハイポトロコイドを表す媒介変数表示は、大円の半径をR、転がる円の半径をrとし、内部の点を中心から半径の$1/d$の位置に考えたとき、

$$\begin{cases} x(\theta) = (R-r)\cos\theta + \dfrac{r}{d}\cos\left(\dfrac{R-r}{r}\theta\right) \\ y(\theta) = (R-r)\sin\theta - \dfrac{r}{d}\sin\left(\dfrac{R-r}{r}\theta\right) \end{cases}$$

で表現できます。この式の前半部分はベースとなる大円を表しており、$\cos\theta$を$\cos a\theta$、$\sin\theta$を$\sin b\theta$と、周期を少し修正することで、リサジュー曲線型の式で表される曲線を考えました。この作品では、点の個数を10000個に設定しています。

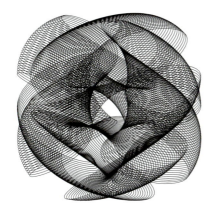

$R=201, r=151, d=2, a=3, b=2$　　　　　$R=347, r=193, d=3, a=3, b=4$

図1.1.17　パラメータを変化させたときの模様

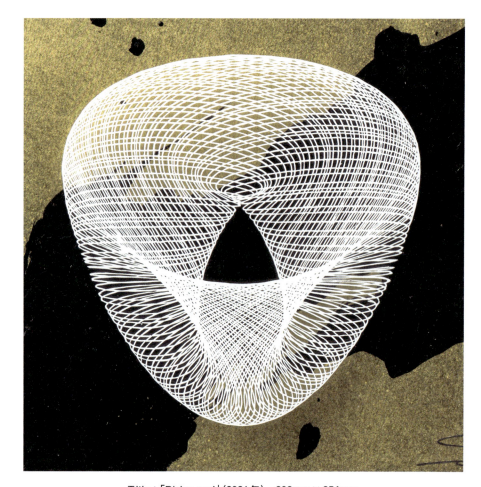

Title:「Divine pod」(2021年), 203mm × 254mm
"美しい比率"として知られる「黄金比」は、かつて「神聖比」と呼ばれていた。
曲線の構成要素に神聖比を加えることでどのように表現できるのか。

[数学的な解説]

本作品は、「Corazón」と同じモチーフを使っています。つまり、数式で

$$\begin{cases} x(\theta) = (R-r)\cos a\theta + \dfrac{r}{d}\cos\left(\dfrac{R-r}{r}\theta\right) \\ y(\theta) = (R-r)\sin b\theta - \dfrac{r}{d}\sin\left(\dfrac{R-r}{r}\theta\right) \end{cases}$$

と表すことができ、パラメータの中に「黄金比」を使用しています。

「黄金比」とはレオナルド・ダ・ヴィンチが研究・考察したことでも有名で、人間が美しいと感じる比率の1つと考えられています。美しさの基準を数値化することが難しいですが、数学的な性質や自然界の中でも目にすることができるなど、特筆すべき点があまりにも多い比率です。最も単純な黄金比の導出は、長方形を用いた説明になります。【短い辺の長さを1辺に持つ正方形で分割したときの残りの長方形が元の長方形と相似になる】という性質を持つ長方形を考えます。このような性質を持つ長方形の縦の長さAと横の長さBの辺の比の値B/Aは1.6180339…という数値になります（この値をギリシャ文字φ（ファイ）で表します）。この値を「黄金比」と呼びます。

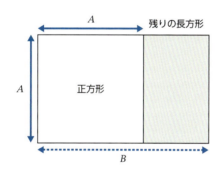

図1.1.18 黄金長方形と黄金比

このような長方形は正方形で分割するたびに同じ性質を持つ長方形が現れるため、正方形分割を無限に繰り返すことができます。

 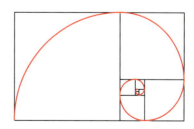

図1.1.19 正方形分割（左）と黄金らせん（右）

このようにしてできた正方形に図1.1.19（右）のような円弧を描くことで螺線を描くことができます。この螺線は通称「黄金螺線」と呼ばれています。黄金比に関する詳しい内容が知りたい方は拙著『アートで魅せる数学の世界』の第1章をご覧ください。この作品では点の個数を10000個として、$R=\varphi, r=1, a=1, b=\varphi$と設定したときの図形をモチーフにしました。

第 1 章　数の構造とその美しさ

Title：「Ritmo」(2022 年)，200mm × 200mm
1, 1, 2, 3, 5, 8, 13, 21, 34, 55, 89, 144, …
フィボナッチ数列が奏でる不思議な "リズム"。

[数学的な解説]

フィボナッチ数と呼ばれる、不思議な数の列があります。具体的には

$$1, 1, 2, 3, 5, 8, 13, 21, 34, 55, 89, 144, \ldots$$

といったもので、最初の2つは1と1で固定し、次の数は前2つの数の合計として定めます。こうすることで、$1 + 2 = 3$、$2 + 3 = 5$、$3 + 5 = 8$、…という具合に続きの数が定まっていきます。本作品は、このフィボナッチ数が持つ「ある特殊な性質」をモチーフにしています。

さて、ここで、10という数をフィボナッチ数の和で表現してみましょう。先に書いたフィボナッチ数を眺めると、$10 = 2 + 8$と表現できます。他にも$2 + 3 + 5$とも表現できそうですが、3と5は隣り合うフィボナッチ数なので、$3 + 5 = 8$と、次のフィボナッチ数になります。つまり、「隣り合うフィボナッチ数」を許すといくらでも分解できてしまうので、例えば$10 = 1 + 1 + \cdots + 1$といった具合に、自明な（当たり前な）表し方が出てきてしまいます。そこで、「隣り合わない、異なるフィボナッチ数のみ」という表現に制限してみましょう。例えば11の場合、$11 = 3 + 8$、12の場合、$12 = 1 + 3 + 8$といった具合に、どうにか条件を満たすように表現できました。実はこのような表現のことを「ゼッケンドルフ表現」と呼び、次のような美しい定理（ゼッケンドルフの定理）が知られています。

どんな自然数も必ず1通りのゼッケンドルフ表現を持つ。

ゼッケンドルフ表現の求め方は意外にも簡単です。例えば50のゼッケンドルフ表現を考えてみましょう。50以下の最大のフィボナッチ数は34なので、50から34を引きます。残った16に関して16以下の最大のフィボナッチ数は13であり、16から13を引いた残りの3はフィボナッチ数となります。今の流れを式で表すと

$$50 = 34 + 16 = 34 + 13 + 3$$

つまり、50のゼッケンドルフ表現は$34 + 13 + 3$となります。

本作品の糸掛けは1から順に数を並べて、最初の1, 1を除くフィボナッチ数の箇所は0、非フィボナッチ数はゼッケンドルフ表現を小さい順に並べるという数列でできる曼荼羅になります。具体的に、自然数の列をゼッケンドルフ表現にします。

$$1, 1, 2, 3, (1 + 3), 5, (1 + 5), (2 + 5), 8, (1 + 8), (2 + 8), (3 + 8), (1 + 3 + 8), 13, (1 + 13), \ldots$$

そして、最初の2項1, 1を除くフィボナッチ数の項だけ0に置き換えることで

$$1, 1, 0, 3, 1, 3, 0, 1, 5, 2, 5, 0, 1, 8, 2, 8, 3, 8, 1, 3, 8, 0, 1, 13, \ldots$$

という数列を得ます。この列に従って糸掛け曼荼羅を描くことで、作品のような模様を作成することができます。

1.2 カラビ・ヤウ多様体

「カラビ・ヤウ多様体」とは、数学における代数幾何学という分野や、数理物理の世界で近年注目を浴びている特殊な多様体です。多様体とは、解析を行うための必要な条件を満たした空間のことをいいます。単純に「図形」や「空間」と置き換えていただいてもかまいません。特に超弦理論と言われる物理学の文脈の中でカラビ・ヤウ多様体が登場し、「ミラー対称性」など、様々な研究分野とつながっています。この空間に関しては数学者のエウジェニオ・カラビ（1923〜2023）により研究や予想がなされ、その後シン＝トゥン・ヤウ（1949〜）によりいくつかの問題が解決され、空間の構造が徐々に明らかになっていきました。こうした2人の研究成果から、この空間は「カラビ・ヤウ多様体」と命名されました。

$z_1^n + z_2^n = 1$ を満たす複素数 z_1, z_2 の集合（超曲面）は「フェルマー n 次超曲面」と呼ばれ、複素2次空間上の"曲面"になっています。これらを高次元化したものがカラビ・ヤウ多様体を考える上で重要な役割を果たします。しかし、複素数の2次元空間は実数空間でいうと4次元の世界になっており、直接目で見ることはできません。そこで、3次元の物体を写真や絵などの2次元平面に落とし込んで見るように、4次元の"曲面"を3次元空間に落とし込みます。これを数学では「射影」といいます。

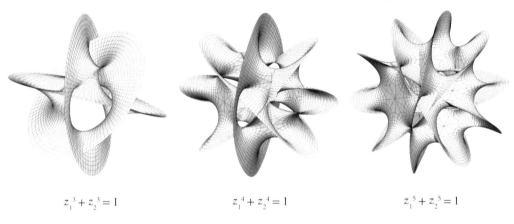

図1.2.1　$z_1^n + z_2^n = 1$ 型の曲面

図1.2.1は $n = 3, 4, 5$ の場合の4次元空間内の図形を、3次元に射影したものになります。式自体は比較的単純ですが、可視化してみると複雑な構造をしていることがわかります。

可視化の方法について簡単に解説しましょう。まず、複素代数方程式

$$z_1^n + z_2^n = 1$$

を満たす複素数の組 (z_1, z_2) を考えます。z_1 と z_2 はそれぞれ複素数なので、

$$z_1 = x_1 + iy_1, \quad z_2 = x_2 + iy_2$$

と2つの実数を用いて表現できます（ここで$i = \sqrt{-1}$：虚数単位）。実数の組(x_1, y_1, x_2, y_2)は4次元空間上の点なので、そのままでは可視化できません。そこで、変数θを用いて

$$(x_1, x_2, y_1 \cos \theta + y_2 \sin \theta)$$

とし、次元を1つ分削減します（これが「射影」の操作です）。こうして3次元の空間内に点を配置することで、可視化できるようになります。なお、$z_1^n + z_2^n = 1$を満たす複素数の組(z_1, z_2)の形はある程度把握でき、具体的には

$$z_1 = e^{\frac{2\pi i k_1}{n}} \{\cos(\phi + i\xi)\}^{\frac{2}{n}}, \quad z_2 = e^{\frac{2\pi i k_2}{n}} \{\sin(\phi + i\xi)\}^{\frac{2}{n}}$$

という形で表せます（$k_1, k_2 = 0, 1, ..., n-1$）。これは、三角比の$\cos^2 \theta + \sin^2 \theta = 1$という関係式をもとに考えることができます。

さらに、これらを一般化して

$$z_1^n + z_2^m = 1$$

という、z_1とz_2の次数が異なる場合も同様に可視化することができます。

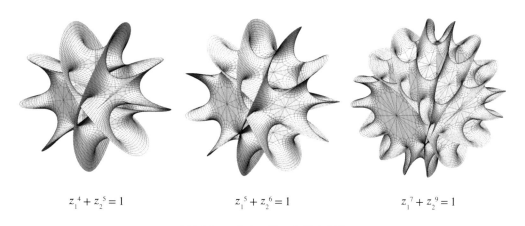

$z_1^4 + z_2^5 = 1$ $\quad\quad\quad$ $z_1^5 + z_2^6 = 1$ $\quad\quad\quad$ $z_1^7 + z_2^9 = 1$

図1.2.2 $z_1^n + z_2^m = 1$ 型の曲面

なお、できあがる図形の"花弁"のような部分の個数は、指数の合計$n+m$になっており、n、mの数を大きくすることで花弁の数は増えます。

また、この曲面は結び目の理論にも関係し、物理学や数学の幅広い分野で登場する奥深い図形となります。こうした複雑で魅力的な図形の多角的な美しさを表現するために、切り絵の技法や重ね方、色の使い方などを駆使し、「Complexity」シリーズとして様々なパターンの作品を制作しました。

第1章　数の構造とその美しさ

Title：「Complexity(5, 5) #1」(2021年)，203mm × 254mm
$$z_1^5 + z_2^5 = 1$$
氷のような冷たさと結晶構造の美しさ。

1.2 カラビ・ヤウ多様体

Title：「Complexity(5, 5) #2」(2024年)，200mm × 200mm
$$z_1^5 + z_2^5 = 1$$
錆び付いた金属のような重厚感と、複雑で滑らかな構造の共存。

27

第1章 数の構造とその美しさ

Title：「Complexity(6, 7) #3」(2024年)，200mm × 200mm
$$z_1{}^6 + z_2{}^7 = 1$$
青みを帯びた金属光沢と、柔らかく複雑な動き。

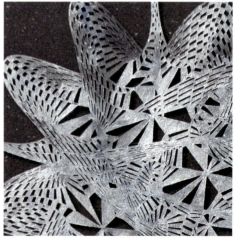

1.2 カラビ・ヤウ多様体

Title：「Complexity(5, 5) #4」(2024年), 200mm × 200mm
$$z_1^5 + z_2^5 = 1$$
金の美しさと、トルコ石のような華やかなイメージ。

29

Title:「Complexity(5, 5) #5」(2024年), 200mm × 200mm

$$z_1{}^5 + z_2{}^5 = 1$$

色の複雑な折り重なりと流動的な様子の中にある秩序。

1.2 カラビ・ヤウ多様体

Title：「Complexity(6, 7) #6」(2024年)，200mm × 200mm
$$z_1{}^6 + z_2{}^7 = 1$$
奥深い藍の世界と、複雑で繊細な数学の世界の狭間。

Title：「Complexity(7, 7) #7」(2024年), 200mm × 200mm
$$z_1{}^7 + z_2{}^7 = 1$$
爆発的な華やかさと、凛とした数学的美しさ。

1.2 カラビ・ヤウ多様体

Title：「Platonic blue」(2021年), 254mm × 305mm
$$z_1{}^4 + z_2{}^4 = 1$$
深海のような深い青の中に浮かび上がる凝縮された美しさ。

第1章 数の構造とその美しさ

Title:「Tiamat」(2023年), 220mm × 273mm
$$z_1^5 + z_2^6 = 1$$
数学の荘厳な美しさと神聖さをイメージ。

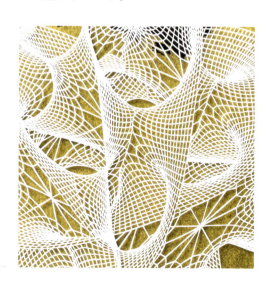

第2章

繰り返し模様と折り紙の美しさ

繰り返しの模様には、幾何学的な対称性が豊富に含まれており、古来より壁画や建築、様々なデザインやアートの中で取り入れられてきました。現在でも幾何学模様は街のいたるところで見られます。また、折り紙にも「反射」の対称性が含まれており、折り紙自体が数学の研究分野になるほど奥の深い理論が存在します。見た目の美しさと数学的な原理の美しさを兼ね備えた模様と折り紙の世界をお楽しみください。

2.1 タイリング

　タイリングとは、「タイル張り」のことで、同じあるいは複数種類の図形を組み合わせて平面や空間を敷き詰めることを指します。平面を敷き詰めるということから「平面充填」や「テセレーション (tessellation)」と呼ばれることもあります。なお、テセレーションの語源はラテン語の「tessella (タイル、モザイクの小片)」に由来します。

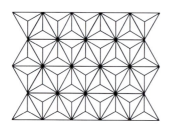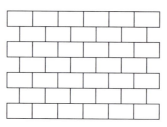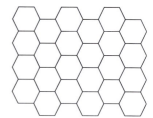

図2.1.1　様々なタイリング模様

　こうしたタイリングにより形成される模様はとても美しく、建築や絵画、デザインなど様々な場面で取り入れられています。タイリングが美しいと感じる大きな理由の1つに「豊富な対称性」を持つことが考えられます。

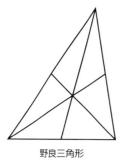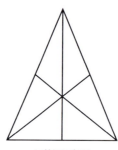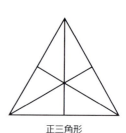

図2.1.2　対称性とは？

　日常生活でも「対称的できれい」とか「対称性が高い」などという言葉を聞くこともあると思います。そもそも対称性とはなんなのでしょうか？

■対称性とは？

　図形の対称性とは、一言で言うと「不変性」です。もう少し具体的に説明すると、その図形に対して「運動」を考えます。運動とは、平行移動や回転、鏡反射といったものを想像してみてください。例えば、三角形に対して、図2.1.3のように中線で鏡反射を施します。二等辺三角形や正三角形の場合、鏡反射を行っても、形が変わりません。このとき、その図形は「鏡反射の対称性を持つ」と考えます。逆に二等辺三角形でない三角形に対しては、どこで反射させても元の形に一致せず、鏡反射の対称性を有しません。また、正三角形の場合、重心を中心とした120°の回転を施しても形は変わりません。つまり、「120°回転における対称性を持つ」と考えられます。このように、運動による不変性をより多く持つ図形は「対称性が高い」と考えることができます。

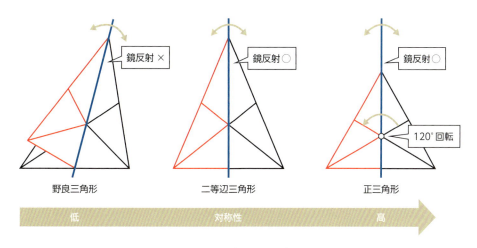

図2.1.3　運動による不変性

■様々な模様

　平面におけるタイリングには様々なパターンがあります。図2.1.1のように同じタイルやタイルのグループをコピーして平行移動させる操作を繰り返すことで得られる「周期的」なタイリングや、単純なコピー&ペーストではうまくいかない「非周期的」なタイリングがあります。また、平面における距離感を変えた「双曲平面」と呼ばれる世界におけるタイリングもとても美しく複雑な構造をしています。こうした双曲平面モデルを用いたタイリングは、版画家のM. C. エッシャー（1898〜1972）がテセレーションアートの1つとして作品を残しています（「Circle Limit」というシリーズでいくつか作品が知られています）。

第2章　繰り返し模様と折り紙の美しさ

Title：「Double spiral」（2021年），200mm × 200mm
DNAは二重螺線（Double Helix）による立体的な構造になっている。
平面的な二重螺線（Double Spiral）はどのような例があるだろうか？

[数学的な解説]

　この作品は「非周期タイリング」の例として知られている「フォーデルベルク・タイリング（Voderberg tiling）」をモチーフにしています。非周期タイリングの具体的な構成はとても難しく、1974年にロジャー・ペンローズ（Sir Roger Penrose, 1931〜）によって考案された「ペンローズ・タイル」が有名ですが、およそ40年も前にハインツ・フォーデルベルク（Heinz Voderberg, 1911〜1945）によって特殊なタイルが考案されています。フォーデルベルクの論文では、タイルの性質に関する考察が中心で、具体的な構成方法や一般化などはあまり書かれていなかった点と、論文自体がドイツ語の出版であったため、世に広まりにくかったと言われています。

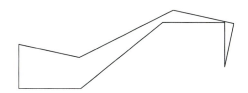

図2.1.4　フォーデルベルクの九角形タイル

　フォーデルベルクの考案したタイルは図2.1.4のような細長い九角形になっています。この図形の作成方法は拙著『アートで魅せる数学の世界』の第2章にて詳しく解説しています。このタイルは見かけによらずとても特殊な性質を持っており、2通りの非周期タイリングを形成します。特に本作品の切り絵では、二重螺線型のタイリングをモチーフにしています。

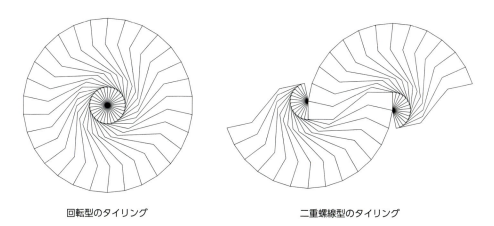

回転型のタイリング　　　　　　　二重螺線型のタイリング

図2.1.5　フォーデルベルク・タイリング

第2章 繰り返し模様と折り紙の美しさ

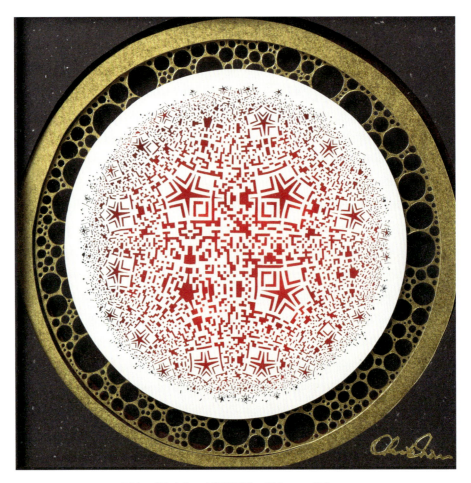

Title：「Red Gate」(2023年)，200mm × 200mm
複雑に見えるものは、その核となる部分に注目することで
意外にも単純な構造であることに気付かされる。

2.1 タイリング

第 2 章

Title：「Blue Gate」(2023年)，200mm × 200mm
核となる構造がわかると、
新たなものの見え方、捉え方が生まれるかもしれない。

41

[数学的な解説]

「Gate」と「Blue Gate」の2つの作品は「双曲タイリング」というものをモチーフにしています。双曲タイリングとは、双曲平面と呼ばれる特殊な距離感（計量）を持つ世界におけるタイリングです。どのぐらい特殊かというと、平行線が交わってしまうような世界です。小学校や中学校の幾何学の授業では、一般に「平行な線」とは交わらないものであると学びます。しかしそれは、「ユークリッド平面」と呼ばれる平面（点と点の最短距離がまっすぐな線分の長さとなる通常の世界）における話であり、それとは異なる直線の概念を持つ世界が存在します。ユークリッド平面における幾何学を「ユークリッド幾何学」、そうでないものには「球面幾何学」や「双曲幾何学」と呼ばれる別世界の幾何学が存在します。ユークリッド幾何学は、平坦な平面上における図形の話です。対して、球面幾何学は球面上における図形の話です。イメージしやすいので、まずは球面幾何学について簡単に解説しておきましょう。

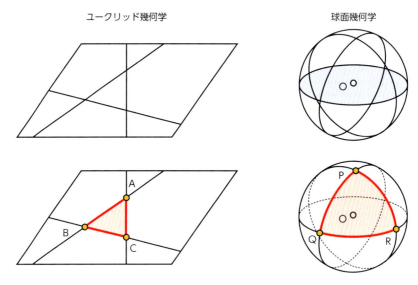

図2.1.6　平面上の図形と球面上の図形

図2.1.6のように、平面における直線は「まっすぐな線」となるのに対し、球面上における「直線」は、「球の中心を通る円（＝大円）」となります（例えば、地球上の2地点を飛行機で移動するときは大円に沿った弧が最短経路になります）。したがって、3本の直線が交わってできる三角形は図の赤い部分のようになります。平面の三角形の内角の和は180°であるのに対して、球面上の三角形の内角の和は180°を常に超えてしまいます。このように、考えている世界によって三角形の内角の和が異なることがわかります。双曲幾何学は、球面幾何学に対して、三角形の内角の和が180°未満になる世界の幾何学となります。

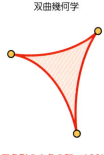

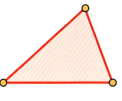

図2.1.7　三角形とその内角の和で特徴付けられる幾何学の世界

　双曲幾何学のモデルの1つに円板内部の世界を考える「ポアンカレ円板モデル」というものがあります。このモデルでは、外側の円に垂直に交わるような円弧がこの世界の「直線」となります。このような直線を用いたタイリングが「双曲タイリング」であり、様々なパターンが知られています。版画家のM. C. エッシャーも、双曲タイリングを用いたテセレーション作品をいくつか残しています。

図2.1.8　双曲タイリングとQRコード

　「Gate」と「Blue Gate」は、正方形型のタイルを1つの頂点周りに5枚並べたタイル模様をモチーフにしています。またベースとなる模様は「QRコード」になっており、私のSNSに飛ぶようになっています。手軽に制作者のSNSに飛ぶ仕組みを実現したいと考え、QRコードの特徴的な模様をタイリングに埋め込みました。なお、QRコードはよくできており、一部の情報が欠損していても正しい読み取りができます。これは、誤り訂正機能と言い、「リード・ソロモン符号」という符号化方式が採用されています。レベルによって変わりますが、3割近い情報が欠落していても正しい読み取りができます。表現だけでなく、機能や技術の様々な場面で数学が使われていることが実感できます。

第 2 章　繰り返し模様と折り紙の美しさ

Title:「Infinite」(2021 年), 287mm × 378mm
ランダム性と無限性を持つ完結しない世界を見渡してみよう。

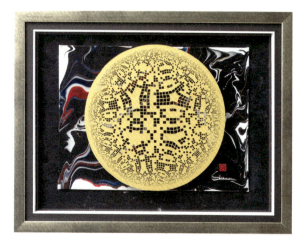
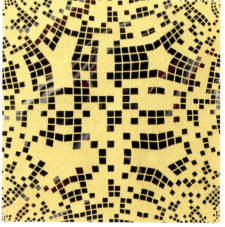

44

2.1 タイリング

Title:「Pixel design #1」(2023年),200mm × 200mm
無限の構造を、有限の世界に無理矢理にでも落とし込むことで見えてくる景色がある。

2.2 折り紙と数学

■折り紙の歴史

折り紙といえば、日本を代表するものづくり芸術の1つであり、古くから親しまれています。大陸から紙が伝わった7世紀ごろから、儀式の際に紙を折りたたむ装飾物としての文化が広がっていきました。その後、江戸時代に紙の普及が進み、動物などを模した「ものづくり」としての折り紙が発展していきます。実際に18世紀末ごろには千羽鶴の折り方をまとめた「秘伝千羽鶴折形」という本が出版されたほどです。明治時代に入り洋紙を大量に生産できるようになると、学校教育の現場でも利用されました。現在では、よりリアルで緻密な芸術・デザインとしての折り紙、そして、数学や工学の世界における研究対象としての折り紙など、幅広い分野で活躍しています。本書では、後者の内容について簡潔に解説をしていきます。

■折り紙と数学

まずは、折り紙の基本的な用語について確認していきましょう。図2.2.1のように折り紙には「山折り」と「谷折り」があります。

図2.2.1　山折りと谷折り

また、一度折ったものを広げたときにできる山折りと谷折りの線のみでできる図を「折り線図」と呼びます。折り線図のみを見ても完成形はわからないので、実際に折り方を説明する際は折っていく過程を明確にしないといけません。しかし、場合によっては折り線図のみの情報で、折り方は1通りに定まることもあります。また、折り紙マニアの中には、完成した作品を見るよりも、それを広げた際にできる折り線図を見る方が好きだという方もいるようです。

次のような平行四辺形を並べた折り線図を考えてみます。この図2.2.2の通りに折りたたむとコンパクトな形になります。

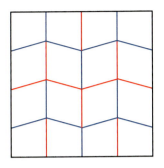

図 2.2.2　ミウラ折り

　この折り方は、「ミウラ折り」と呼ばれ、宇宙工学の第一人者である三浦公亮先生によって考案されました。ミウラ折りは紙を曲げなくても開閉がとても楽になることが知られており、地図のたたみ方に活用されることがあります。その他にも、宇宙ステーションの太陽光パネルの開閉にも利用されています。このように、見た目だけでなく、工学など幅広い世界でも折り紙は応用されています。

　また、折り紙研究の1つに「平坦折りの理論」というものがあります。「平坦折り」とは、まっすぐな線に沿って紙が平らになるような折り方のことを指します。要するに「ぺちゃんこ」に折ることです。膨らませるなどして立体化させることは考えません。このような平坦折りによってできる折り線図には、様々な数学的特徴が知られています。

- 性質1：折り線図の交点周りの線の本数は必ず偶数個
- 性質2：折り線図の交点周りのなす角を1つ飛ばした合計は必ず180°
- 性質3：折り線図の交点周りの谷折り線と山折り線の本数の差は必ず2

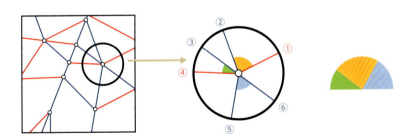

図 2.2.3　平坦折りの性質

　このように、何も考えずにただ平坦に折るだけで、驚くほどたくさんの秩序が存在することがわかります。こうした折り紙（折り線図）をモチーフにしたデザインやアートには見た目以上に様々な美しさを表現することができます。

Title：「Flat-foldable mosaic」(2021年), 200mm × 200mm
「折りたたむ」ことにより、複雑な対称性を生み出すことができる。

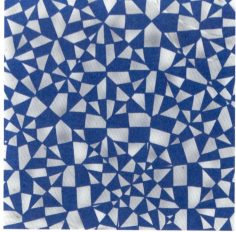

[数学的な解説]

　この作品は、タイトルからもわかるように「平坦折り」の性質をモチーフにしています。つまり、正方形の折り紙に対し、何度も何度も折りたたみ、広げてできたタイル模様のような折り線図をそのまま切り絵の下絵にしています。ここで注目すべきなのは、「平坦折りの折り線図でできるタイル模様は必ず、2色で塗り分けることができる」という点です。ここで「塗り分ける」とは、隣り合うエリアで同じ色を使わずに色を塗ることを指します。

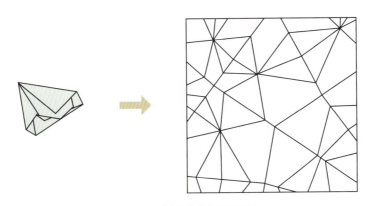

図2.2.4　平坦折りの折り線図

　図2.2.4のように、適当に平坦に折りたたみ、広げた図は確かに2色で塗り分けることが可能です（図2.2.5）。

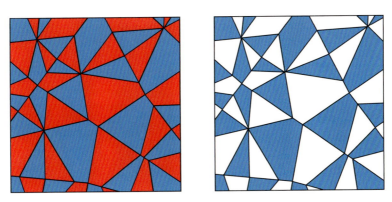

図2.2.5　平坦折りの折り線図の2色塗り分け

　2色で塗り分けられるということは、「切り抜くエリア」と「残すエリア」で分けられるため、切り絵のような表現が可能になります。

　2色で塗り分けられる理由を簡単に説明しましょう。まず、折り紙に上向きと下向きを定めます。この紙を平坦に折りたたむと、各エリアはそれぞれの折り線を境に上向きか下向きに入れ替わります。これにより、上向きのエリアと下向きのエリアに異なる色を塗ることで、「塗り分け」ができます。

Title：「Collapse #4」(2024年)， 200mm × 200mm
崩壊の中に現れる絶対的な秩序とは。

[数学的な解説]

　紙に対して圧力をかけ、ぺちゃんこに潰してみましょう。潰した紙を広げると、当然ですがクシャクシャな跡がついています。ぱっと見るだけでは、何の秩序のもないランダムな跡に見えますが、これは「ぺちゃんこ」に折っていることから、「平坦折り」と考えることができます。つまり、ミクロで見ると平坦折りの性質が成り立っているはずです。ただし、細かい部分までは物理的に折り線は入っていないこともあるので、性質を1つ1つ確認することはできません。それでも、無秩序に見えるものの中にある程度の秩序が存在するという事実自体に、個人的には美しさを感じます。

図2.2.6　紙を潰した際にできた跡

　今回の作品は、紙を実際に潰して広げたものをモチーフにしています。広げた紙の写真を撮り、凹凸により影になっている部分のコントラストを調整してモノクロにしたものを下絵にしました。

図2.2.7　画像処理

　条件を満たせば例外なく成り立つといった、数学の"絶対的な美しさ"が見え隠れする世界であると感じています。

2.3 イスラム幾何学

　イスラム教では偶像崇拝が禁止されており、それを前提とした芸術や表現が発達していきました。例えば文字を使った「カリグラフィーアート」。これは中国や日本にもある「書道」に近いものです。また植物などをモチーフにした模様や、純粋にコンパスと定規を用いて描かれる幾何学模様も多く見られます。こうしたイスラム世界ならではの装飾模様を「アラベスク」といい、特に図形を用いた模様やその構造を「イスラム幾何学」と呼ぶことがあります。

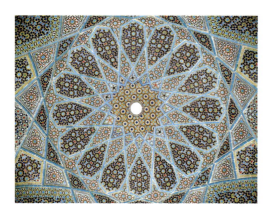 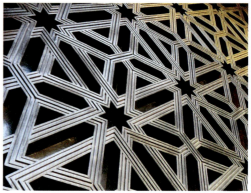

図2.3.1　壁の装飾などにみられるイスラム模様

　図形を用いたイスラム模様は、多角形の種類や組み合わせによってパターン化することができます。特に正六角形、正八角形、正十二角形、正十六角形などはよく用いられます。これには正六角形や正八角形が平面タイリングと相性がよいことが関係します。例えば、正六角形はそれだけで平面を敷き詰めることができますし、正八角形は正方形と組み合わせることで平面を敷き詰めることができます（図2.3.2）。

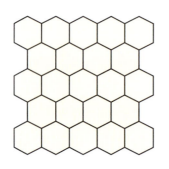 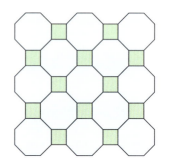

図2.3.2　正六角形と正八角形を用いた平面タイリング

　また、中には正五角形や正十角形を用いた模様もあり、正六角形や正八角形のパターンに比べると複雑な構造になります。なお、正五角形が関連している平面タイリングとして、「ペンローズ・タイル」と呼ばれる非周期タイリングがあります。

また、イスラム幾何学に頻繁に表れるパターンの図形として、図2.3.3のような「ロゼット（rosette）」と呼ばれる特徴的な模様があります。ロゼットは中央の星型の図形「スター（star）」からのびる花びらとその重なりによって構成されます。外側の六角形の部分を「ペタル（petal）」、重なりの部分である四角形を「カイト（kite）」と呼びます。

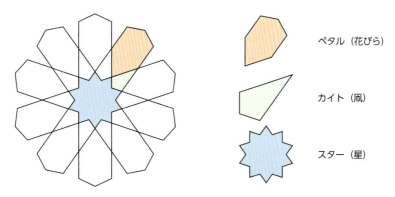

図2.3.3　イスラム模様の基本パターンと各図形

こうした図形を複数組み合わせることで複雑な幾何学模様を作成することができます。例えば図2.3.4のように、正方形型のタイル内に正八角形型のロゼットを描き、張り合わせることで、平面上に模様を広げていくことができます。

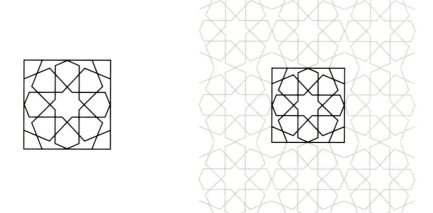

図2.3.4　四角形型の模様を張り合わせる

第2章　繰り返し模様と折り紙の美しさ

Title：「Karma」(2021 年),　200mm × 200mm
印を付け、ただ線を引く。単純な行為のその先に見える形とは。

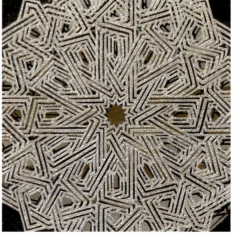

[数学的な解説]

　この作品は正六角形（もしくは正十二角形）をベースにしたイスラム模様をモチーフにしています。複雑な折り紙のように、線を引くための印を作図するために多数の線を引きます。詳細は省略しますが、図2.3.5のように下地作りを行います。

図2.3.5　正六角形を2枚重ねるところから始め、多数の補助線を引く

　また、図2.3.6のようにクロスした2つ線の一部を消すと、立体的な交差を表現することができます。線の上下関係を「上→下→上→下→…」と交互に設定することで、調和のとれた美しい模様ができあがります。

図2.3.6　線の立体的な交差の表現

　図2.3.7のように、下地の一部を太線で結び、イスラム模様を作成します。ここでは中央に12枚の花びらを持つロゼットができあがります。さらに、図2.3.6と同様に線の一部を消し、立体交差表現を取り入れて装飾していきます。こうして切り絵の下絵が完成です。

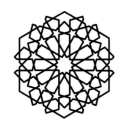 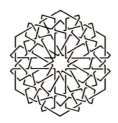  

図2.3.7　ベースの模様を作成し装飾する

第2章　繰り返し模様と折り紙の美しさ

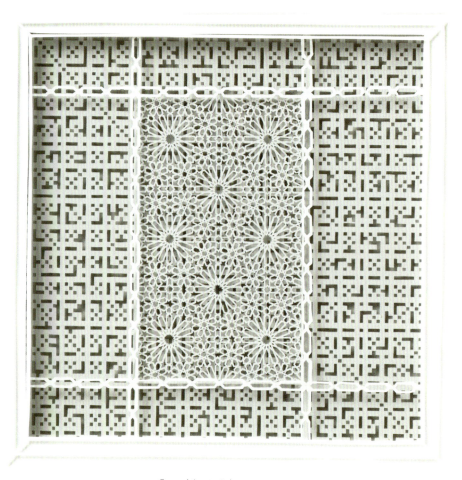

Title：「Idea」(2023年)，200mm × 200mm
美しさの理想とは。複雑さ？　曖昧さ？　それとも単純さだろうか？

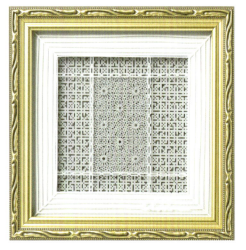

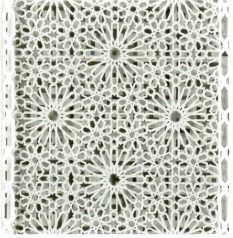

56

2.3 イスラム幾何学

[数学的な解説]

この作品では図2.3.8のように、正十六角形をベースにしたロゼットと、その周りに8つの正八角形型のロゼットを組み合わせてできるイスラム模様をモチーフにしています。

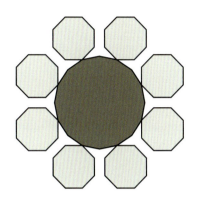 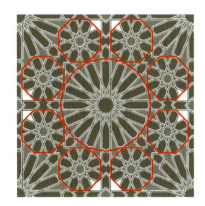

図2.3.8　正十六角形と正八角形の組み合わせ構造

枚数の異なるロゼットを組み合わせた模様はバリエーション豊かで、様々なタイプが知られています。このような組み合わせの幾何学模様は比較的メジャーな構造で、実際にアルハンブラ宮殿内の玄関ホールなどでも目にすることができます。

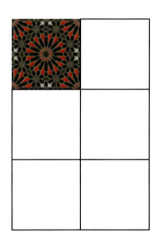 

図2.3.9　四角形型のエリアを6つ並べる

なお、この作品の切り絵の下絵は、図2.3.9のように正方形のエリアを6つ並べ、右図の白線で囲まれたエリアを切り抜きました。一般的にイスラム世界で見られる幾何学模様の多くは色を使ったカラフルなデザインが多いですが、今回の切り絵では全て白で作成してみました。紙質や立体感、影のつき方など、切り絵の良さを全面に意識した作品になっています。

コラム：M.C.エッシャーのタイリングアート

　オランダの版画家M.C.エッシャーは、繰り返し模様（タイリング）を用いた作品を数多く残しています。ただし、長方形や三角形などを並べるような単純なものではなく、次の図のようなとても複雑なタイリングとなっています。

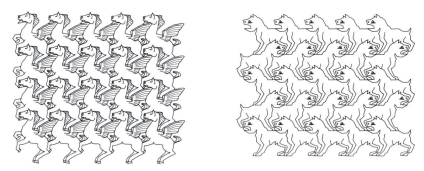

図2.a　エッシャーのタイリング

　図2.aは、ペガサスや犬の形をしたタイルが平面をきれいに敷き詰めています。もちろん適当な絵を並べるだけでは、このような模様は描けません。これには数学的な秘密（技法）があります。例えば、図2.bのように、長方形を敷き詰めたタイリングを考え、縦と横の辺をそれぞれ同時に変形していきます。こうしてタイリングの性質を残したまま形を変形できます。エッシャーはこのような手法や独自の表現を用いることで、魅力的な作品を数多く生み出しています。

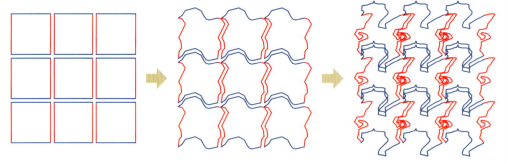

図2.b　長方形タイルの変形

　このようなタイリングを変形する手法は、変形にある程度制約があるため、いかに想定しているモチーフに近づけるかが勝負となります。逆に、適当に変形させて、どんな形に見えるか後付けで模様を考えるのも1つの手です。

第3章

フラクタルの美しさ

同じ構造が無限に繰り返される"フラクタル図形"には、その規則的なふるまいからしばしば「美しさ」を感じることがあります。これは、視覚的な情報がある意味単純であることが原因とされています。この"フラクタル図形"はアートやデザインの世界でもモチーフにされることが多く、切り絵アートにも取り入れてみました。

3.1 平面のフラクタル

　雲や海岸線のような「複雑」な構造は、その一部を拡大してもより細かい複雑な形が現れ、大きさの感覚がわかりづらくなります。これは、同じような形や構造が繰り返し展開されていることが大きな理由になります。

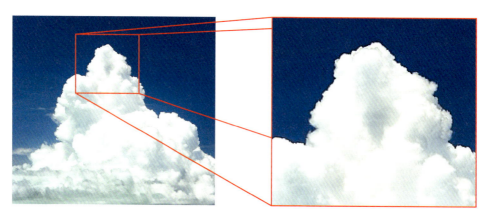

図3.1.1　複雑な雲の構造

　数学では、こうした捉えどころのない形に対しても議論が行えるように、「フラクタル図形」あるいは「フラクタル幾何学」という研究分野が確立しました。フラクタルとは、簡単にいうと何度も繰り返しの構造が現れる不思議な図形です。まずはシンプルに「拡大もしくは縮小しても、元の図形と同じになる」という構造を考えます。例えば図3.1.2のように、三角形を4等分して、真ん中の逆三角形を取り除き、残った3つの三角形に対しても同じ操作を施します。この操作をまた残った小さな三角形に対して行います。この操作を無限に行うことで、「スカスカ」で複雑な図形ができあがります。この図形を「シェルピンスキー・ギャスケット」と呼び、フラクタル図形の代表例となります。

図3.1.2　シェルピンスキー・ギャスケットの作成

　このような複雑な図形は、生成方法やベースとなる図形を変えるごとに様々な模様ができ、バリエーションはとても豊富です。

 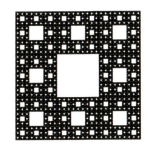 

図3.1.3　様々なフラクタル図形

　また、注意すべき点として、「誰もフラクタル図形を見ることができない」という点が挙げられます。ここまで図で説明しておいて、なんだか変な話のように聞こえますが、一般に「フラクタル図形」とは、繰り返しの構造が"無限"に続く図形のことを指します。私たち人間、あるいはコンピュータであっても、「無限の操作」を行うことはできません。正確には無限の操作を完結させることができません。そのため、有限回の操作で"ある程度複雑"になったところで打ち切り、それを「フラクタル図形」と言って図示しているだけにすぎません。つまり、正確には「フラクタル風の図形」を見ているだけなのです。しかし、単純な操作でも10〜20回ほど繰り返すと、それより先の操作を行っても違いがわからなくなる程度には複雑になります。少なくとも人間の視覚的には、十分美しさを感じることができます。

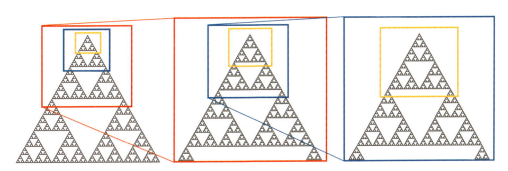

図3.1.4　フラクタル図形の完結しない構造

　そして、本当に面白いのは、こうしたフラクタル図形のような「目で見えない対象物」を数学の世界ではしっかりと取り扱え、計算や議論ができるという点です。紙とペンだけで深淵な世界に旅ができるのは数学の強みであるように思えます。

第3章　フラクタルの美しさ

Title：「Fractus」(2021年),　200mm×200mm
雲のようなスカスカな様子は文字通りつかみどころのないものであるが、
確かに「形」は存在している。

[数学的な解説]

　この作品は、シェルピンスキー・ギャスケットに一筆書きの閉曲線を加筆したデザインとなっています。閉曲線とは、スタートとゴールが同じ「閉じた」曲線のことで、このような曲線で分けられる領域は2色で塗り分けることが可能であることが知られています。この2色塗り分け可能性を意識したデザインにもなっています。

図3.1.5　一筆書き閉曲線と2色塗り分け

　図3.1.2のように細かく穴をあけていく作成方法とは逆に、三角形を繰り返し並べて大きくしていくことでもシェルピンスキー・ギャスケットを作成できます。このような操作には汎用性があり、配置のルールを少し変えることで、別の図形を作成することができます。

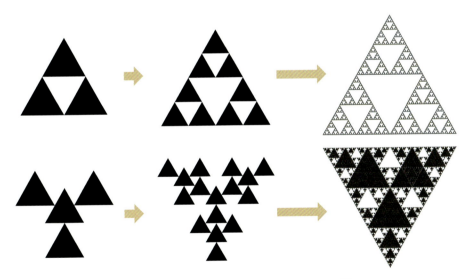

図3.1.6　配置のルールと対応するフラクタル図形

　また、最初の（穴の開いていない）三角形の面積を1とすると、一度の操作で面積は3/4になるため、n回の操作で面積は$(3/4)^n$となります。つまり、無限に操作を行ったシェルピンスキー・ギャスケットの面積は、極限を考えることにより、0となります。これは「平面（＝2次元）」の図形としては異常な性質であり、ある意味で、2次元に達していない平面図形であると考えることができます。

第3章 フラクタルの美しさ

Title:「Sierpinski mosaic」(2021年), 200mm × 200mm
我々は、フラクタル図形を理解し計算することができても、
目で見ることはできない。

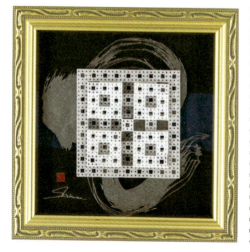

[数学的な解説]

シェルピンスキー・ギャスケットは三角形がベースになっていたのに対して、この作品では四角形をベースにしたフラクタル図形をモチーフにしています。このように、四角形を9等分し、真ん中を取り除くような操作を繰り返し行うことで得られる図形を「シェルピンスキー・カーペット」と呼びます。シェルピンスキー・ギャスケットと同様に数学者シェルピンスキー（1882～1969）の名前を冠しています。個人的には「ギャスケット」と「カーペット」で韻が踏めていて好きです。

今回の図形はシェルピンスキー・カーペットタイプの図形を複数種類作成し、それを3層で重ねることで、前方から見ると均等な模様に見えるデザインにしています。間に筆で描いた曲線が通っていることにより、立体感を強調しました。

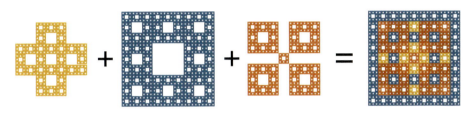

図3.1.7　シェルピンスキー・カーペット型の模様を重ねる

シェルピンスキー・カーペットも、作成時の規則を少し変えることで様々な四角形タイプのフラクタル図形を生み出すことができます。例えば、全体を25等分して中央の4か所を取り除くという規則にするなど、取り除く箇所を変えるだけでも全く異なる模様が作成されます。

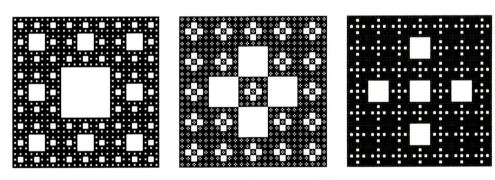

図3.1.8　四角形型のフラクタル図形

なお、シェルピンスキー・カーペットも操作を一度行うごとに面積が8/9になるので、フラクタル図形の面積は0ということになります。つまり、シェルピンスキー・ギャスケットと同様に「2次元に達していない平面図形」ということになります。

第3章 フラクタルの美しさ

Title：「Gosper curve」(2022年)，203mm × 254mm
平面図形なのか、曲線なのか、
「次元」で区別できるのか？

66

[数学的な解説]

　この作品では「ゴスパー曲線（Gosper curve）」と呼ばれる図形をモチーフにしています。遠くから見ると六角形型の平面図形のように見えますが、よく見ると1本の折れ線が規則的につながっています。つまり、線であることから、1次元の図形ということになります。しかし、この曲線の規則に従って操作を繰り返すことで、平面がきれいに「敷き詰められる」という不思議な性質を持っています。このような曲線を「空間充填曲線」と呼びます。本来、線には太さはなく、面積は定まっていませんが、平面上の"全て"の点を通るという驚愕の性質を持ち合わせていることから、平面図形のような曲線となります。

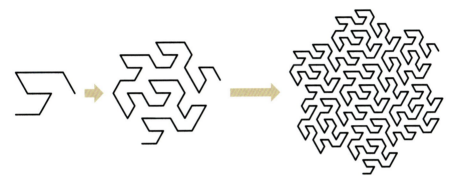

図3.1.9　ゴスパー曲線の構成

　他の有名な空間充填曲線として「ペアノ曲線」や「ヒルベルト曲線」、「ドラゴン曲線」などが知られています。特に「ドラゴン曲線」は様々な構成方法やタイリングとしての側面、折り紙との関係もあり、興味深い図形となっています。

図3.1.10　様々な空間充填曲線（左：ヒルベルト曲線、右：ドラゴン曲線）

　19世紀の数学者カントールは、線分上の点の集合と、正方形内の点の集合の「濃度」が同じであることを示しました。濃度とは、点の個数のようなものです。つまり、線上の点と平面上の点が対応付けられるという非直感的な現象を証明しました。これをきっかけに、線と平面の対応を視覚的に表現するために平面（あるいは空間）を敷き詰めるような曲線を具体的に構成する研究がなされました。

第3章 フラクタルの美しさ

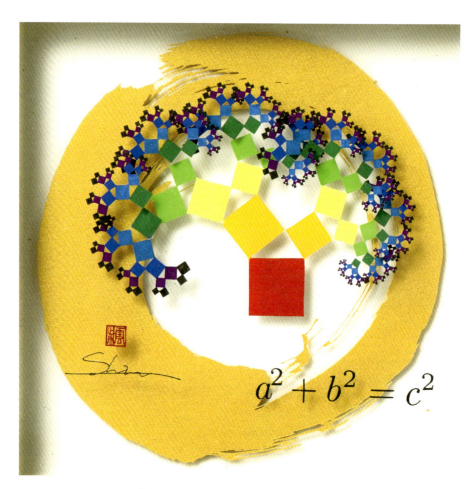

Title:「Pythagorean tree」(2021年), 200mm × 200mm
多角的に観察することによって、
物事の捉え方は大きく変わることがある。

[数学的な解説]

　ピタゴラスの定理は、三平方の定理とも呼ばれ、直角三角形の辺の長さに対する美しい定理です。定理の主張は「斜辺の長さを2乗した値は、残りの辺の長さをそれぞれ2乗したものの合計に等しい」という、シンプルでありながらとても興味深い内容になっています。

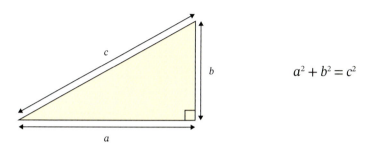

図3.1.11　ピタゴラスの定理（三平方の定理）

　数学の長い歴史の中で、この美しい定理に多くの人（主に数学者）が感銘を受け、様々な証明方法や一般化が考察されてきました。実際に三平方の定理の証明は100通り以上方法が知られています。また、「定理の等式を満たす3つ組（「ピタゴラス数」と呼びます）で全て自然数になるようなパターンはいくつ存在するか？」「2乗の部分を3乗、4乗と一般化した場合、等式を満たす自然数は存在するか？」といった研究も行われました。

　三平方の定理は、斜辺の長さを1辺に持つ正方形の面積と、残りの辺の長さをそれぞれ1辺に持つ2つの正方形の面積の和が等しいと考えることができます。これは、正方形を2つの小さな正方形に分解していると捉えることができます。この分解を何度も繰り返すことで作成した「木」のような図形を「ピタゴラスの木」と呼びます。なお、面積を分割しているという事実からわかるように、この切り絵における各色の面積の合計は全て等しくなっています。

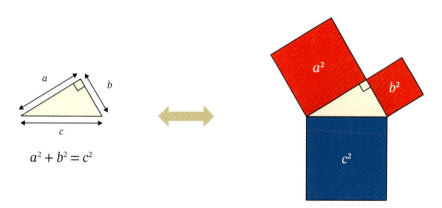

図3.1.12　正方形の分解

第3章　フラクタルの美しさ

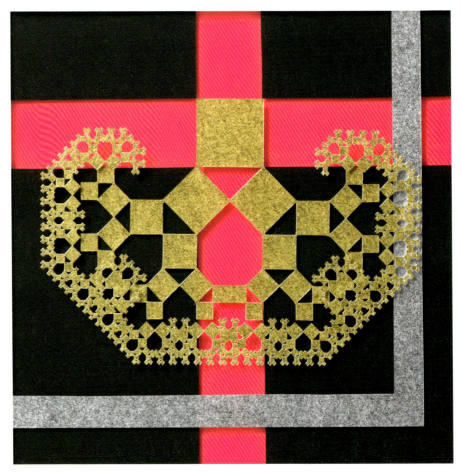

Title：「√ 」(2024年)，200mm × 200mm
同じものを並べることで、拡大できる構造とは？

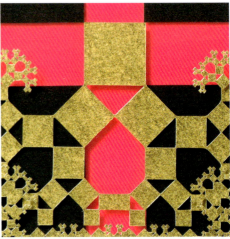

[数学的な解説]

「ピタゴラスの木」と同様のモチーフになっています。今回は垂直二等辺三角形に対して、正方形の分割を考えました。二等辺三角形なので、分割された正方形は元の正方形をちょうど2等分していることになります。実際にこのような直角三角形の辺の比は「$1:1:\sqrt{2}$」という有名なタイプになっており、確かにそれぞれの比を2乗すると「$1:1:2$」となることがわかります。

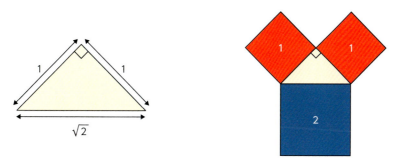

図3.1.13　正方形の2等分割

さて、このような「$1:\sqrt{2}$」という比率は意外にも身近なところで見かけることができます。印刷用紙や本のサイズを測ってみましょう。例えば、A4の用紙は横が210mmで、縦が297mmという何ともキリの悪い数になっています（誰もが一度は疑問に思ったことがあるのではないでしょうか）。実はこの比率はちょうど「$1:\sqrt{2}$」になっています。その理由は非常に合理的で、長い辺の中心を通るように用紙を真二つに切り分けます。すると、2つの小さな長方形ができあがります。実はこの長方形の辺の比は、元の長方形と同じ「$1:\sqrt{2}$」となるのです。実際に小さい長方形の比は$\sqrt{2}/2:1=\sqrt{2}:2=1:\sqrt{2}$と計算でき、確かに元の長方形の比と同じであることがわかります。このような性質は拡大や縮小を行う印刷においてとても都合がよいわけです。規格としてはA0の面積を1㎡と設定し、そこから半分にしたサイズをA1、その半分のサイズをA2、…という具合に、大きさを設定していきます（A判規格用紙の長さに端数が出るのは、このような理由によります）。

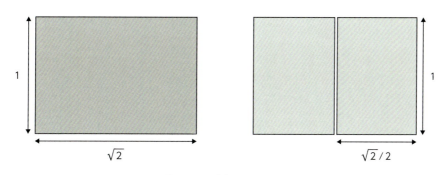

図3.1.14　白銀比の長方形

なお、「$1:\sqrt{2}$」という特殊な比率は、「白銀比 (Silver ratio)」と呼ばれています。

3.2 立体のフラクタル

　平面だけでなく立体、つまり3次元のフラクタル図形も考えられます。平面と同様に、同じ操作を何度も繰り返し行うことで様々な図形が作成できます。例えば、図3.2.1のように、四面体を4つ並べる操作を繰り返すことで、立体のフラクタル図形を作成することができます。

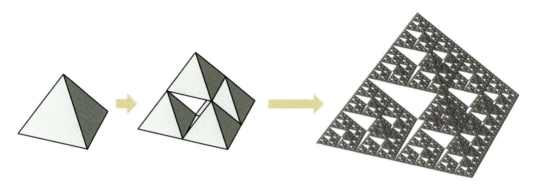

図3.2.1　シェルピンスキー四面体

　図3.2.1のような立体フラクタル図形は「シェルピンスキー四面体」と呼ばれています。また、日常生活の中で見られる立体のフラクタルの例として野菜の「ロマネスコ」があります（図3.2.2）。

図3.2.2　ロマネスコ

　ロマネスコはカリフラワーやブロッコリーに似た野菜です。植物特有の黄金比の構造と立体的な繰り返し構造がとても美しく、まるでCGのようなフォルムです。
　さて、フラクタル図形は「次元」に関して興味深い話があります。例えば長方形は何をもって「2次元」であると考えられるでしょうか？　2次元の「2」はどのようにして求めることができるでしょうか？　こうした問題をうまく説明できるように「相似次元」という概念があります。

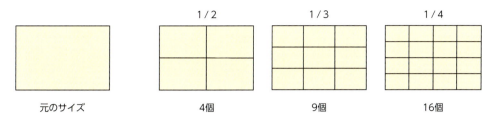

図3.2.3 相似次元の考え方

　図3.2.3のように、1/2のサイズの長方形を4個並べることで、元の長方形を再現できます。また、1/3のサイズの長方形の場合、9個必要ですし、1/4の場合、16個必要です。このように、1/nのサイズのものをN個使って元のサイズを再現できるとき、$D := \log_n N$の値を「相似次元」と考えます。例えば、シェルピンスキー・ギャスケットやシェルピンスキー四面体の相似次元を考えてみましょう。

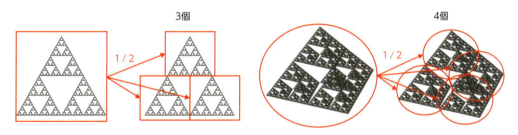

図3.2.4 シェルピンスキー・ギャスケットとシェルピンスキー四面体の相似次元

　図3.2.4より、シェルピンスキー・ギャスケットの相似次元を先ほどの計算式から求めると$\log_2 3 = 1.5849…$となり、なんと整数値ではありません。前節において言及した「2次元に達していない」というのは、このことからもおわかりいただけると思います。なお、シェルピンスキー四面体の相似次元は$\log_2 4 = 2$となり、元々立体図形でありながら2次元の図形ということになります。

　このように、フラクタル図形は非直感的な数学的性質を持ち、目を惹くような派手なビジュアルも相まってとても魅力的な世界であると考えています。今後も様々なモチーフや表現を工夫して多くの作品制作に活かしていきたいと思っています。

第3章　フラクタルの美しさ

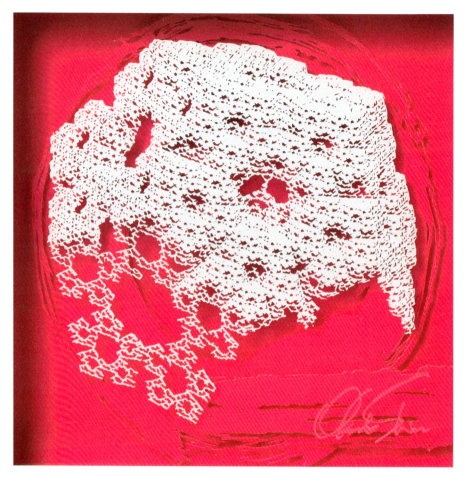

Title：「Destruction」(2022年)，200mm × 200mm
複雑さと繊細さは表裏一体。

74

[数学的な解説]

この作品では、正十二面体をベースにした立体フラクタル図形をモチーフにしています。具体的な構成方法は、正十二面体を縮小したものを図3.2.5のように20個配置します。各面に正五角形の頂点が重なるようにするので、立体図形自体も重なるような配置になります。これを繰り返していくことで、モチーフとなる複雑な図形を作成できます。立体図形なので直接手で描くのは大変難しいですが、Blenderという3DCGやアニメーションを作成できるツールを活用しました。第4章でも触れますが、立体的なモチーフを作成する際、Blenderはとても心強いツールです。

図3.2.5　正十二面体を使った立体フラクタル図形の作成（左から右へ）

また、Blenderではライティング（光の当て方や光量のコントロール）もこだわることができます。暗い空間の中に立体を配置し、斜め上から光を当てることで、表面の細かい凹凸を細部まで再現するできます。まるで暗闇に浮かぶ月のようなデザインですが、あえて背景に黒ではなく明るい蛍光ピンクを使うことで、ライティングで実現された影とは異なり、物質の構造が壊れていくような「もろさ」を切り絵で再現しました。

図3.2.6　色により印象を変える

第3章 フラクタルの美しさ

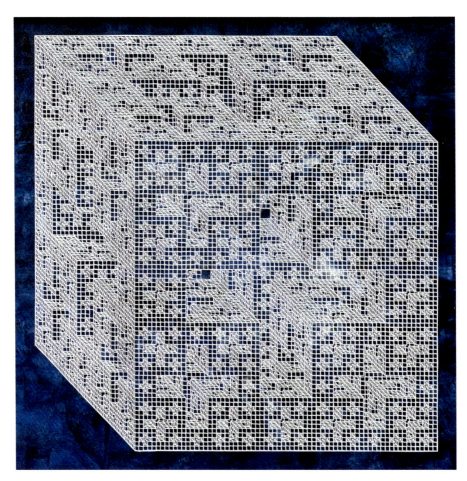

Title：「Jerusalem cube」(2021年), 287mm × 378mm
複数の異なる構造を混在させることで、
調和のとれた美しさを創造できる。

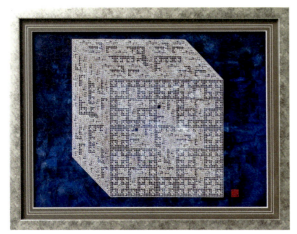

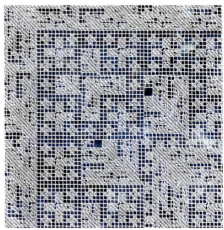

[数学的な解説]

　シェルピンスキー・カーペットと同様の四角形型のフラクタル図形に「エルサレム・スクエア」と呼ばれるものがあります。構成方法はシェルピンスキー・カーペットと異なり、図3.2.7のように2世代前と1世代前の図形を組み合わせて次の世代の図形を構成していきます。

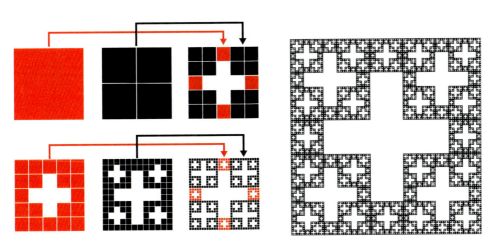

図3.2.7　エルサレム・スクエアの構成（左）とエルサレム・スクエア（右）

　なお、「エルサレム・スクエア」という名称は、11世紀〜13世紀の長きにわたり聖地エルサレムをイスラム教国から奪還するため西ヨーロッパのキリスト教徒が派遣した十字軍のシンボル（図3.2.8左）を「エルサレム・クロス」と呼ぶことに由来します。

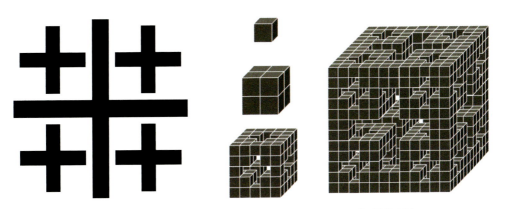

図3.2.8　エルサレム・クロス（左）とエルサレム・キューブの構成（右）

　立方体に対して図3.2.7と同様の方法を繰り返すことで構成される立体フラクタル図形を「エルサレム・キューブ」と呼びます。今回はエルサレム・キューブをモチーフにした作品になっています。

コラム：ドラゴン曲線と折り紙

フラクタル図形の一種である「ドラゴン曲線」は様々な構成方法が知られています。ここでは、折り紙を用いた構成方法について解説していきます。まず、正方形（長方形でもOK）の折り紙を半分に折りたたみ、90度だけ開きます。上から見ると「くの字」型になりますね（図3.a上）。

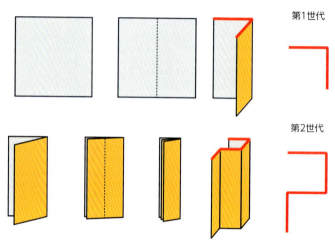

図3.a　折った紙を90度開き、上から見た図

次に半分に折りたたんだ状態で、さらにもう半分に折りたたみます。その後、全ての折り線を90度だけ開いて上から眺めると、ドラゴン曲線の第2世代の状態になっています（図3.a下）。このような操作を何度も行ったのが図3.bです。注意したいのは、最初の状態から同じ方向に折り続ける点です（山折りや谷折りを交互に行うのはNG）。

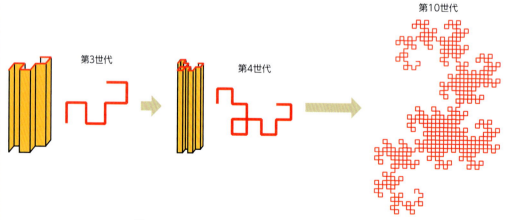

図3.b　半分に折りたたみ、90度開く操作を繰り返す

このように折り紙を「半分に折る」という単純な操作から、とても複雑なドラゴン曲線を構成することができました。身近なものにフラクタル図形が現れるのは面白いですね。

第4章

3次元の美しさ

3次元の世界には、2次元の世界にはない特殊な性質がいくつか存在します。また、2次元でしか表現できない立体的な描写も存在します。このような次元の違いをうまく応用したのが、「だまし絵」です。切り絵においても、平面の紙に描いた立体図形を切り取ることで、ある種のだまし絵的な感覚を表現することができます。なお、立体図形を描写するときはBlenderというツールを利用します。多様な表現ができるのでおすすめです。

4.1 立体図形と緻密な模様

　立体図形と平面図形の数学的な特徴の違いについて簡単に解説してみましょう。例えば、平面図形では、「平行」や「垂直」といった線同士の関係性が重要になります。立体の世界でも、線同士や線と平面、平面同士に対して「平行」や「垂直」という概念が存在します。これに加えて、立体の世界では「捻じれの位置」という特徴が現れます。これは2次元には存在しない概念です。

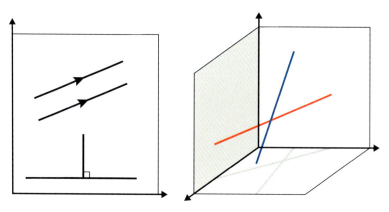

図4.1.1　平面上の「平行」と「垂直」(左)、空間上の「捻じれの位置」(右)

　平面と立体の世界にはこういった構造の違いがありますが、平面の紙の上に立体的な絵を描く表現技法（遠近法や影、グラデーションなど）は長い歴史とともに発展してきました。最近では鉛筆だけで描かれた写真のように写実的な作品も珍しくありません。立体を平面に描くということ（「立体→平面」という操作）は、数学的に考えると3次元的な情報が一定量削ぎ落とされることになります。それにもかかわらず、錯覚かと思えるほど忠実な立体感を表現できる絵画手法はとても面白いと感じています。

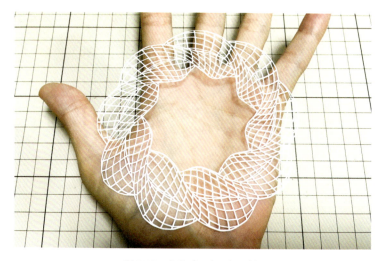

図4.1.2　立体感のある切り絵

立体的なデザインの切り絵は、平面に描いた立体感のある下絵を切り抜き、それを3次元空間内に浮かび上がらせることができるため、「立体→平面→立体」という操作であると考えることができます。こうしたことから、「立体のような平面のような立体」といった、"二重の錯角"のような感覚が起こります。これが立体図形をモチーフにした切り絵の面白さであると考えています。

　また、コンピュータを用いることで、より正確な立体的な表現が可能になりました。描写の技術が発達したのと同様に、切り絵のカッティング技術も進歩してきました。基本的に切り絵は1枚のつながった紙であるとする美学があります。すなわち、下絵には線が全てつながっている（連結である）という大きな条件が課されることになります。これにより、表現が制限されるため、点やつながっていない線などは下絵になりません。そのため古典的な切り絵では、やや不自然な線を加筆することで「無理矢理」線をつなげた下絵が多く見られます（これが切り絵ならではの表現であり、切り絵の良さであるとも言われています）。しかし、近年ではデジタルツールや描写の技術が進み、不自然ではない下絵が次々に作成されるようになりました。不自然でないぶん、下絵自体も段違いに複雑化するので、それに応じたカッティング技術も求められます。

図4.1.3　夕焼けの景色を切り絵に

　こうして、立体感（リアリティ）を残したまま切り絵にし、浮かせたり重ねるなどして、捻じれの位置などの数学的な3次元構造を表現できます。これはM. C. エッシャーの作品のような「だまし絵」的な要素であるのではないかと個人的には考えています。

第4章 3次元の美しさ

Title：「Restriction」(2023年)，200mm × 200mm
平面では表現できない「重なり」

[数学的な解説]

　3D描画ツール「Blender」を用いて、立方体の各面に対してランダムな正方形型の模様を描きました。もう少し具体的に説明しましょう。図4.1.4のように、立方体の各面を細かい正方形に等分割します。その後、ランダムに正方形を選択し、選択された全ての正方形に対して、さらに細かい正方形に等分割します。

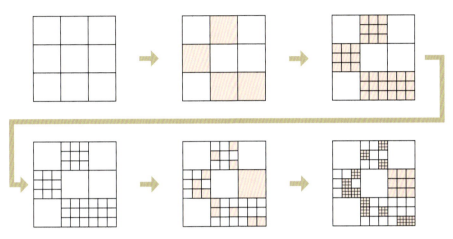

図4.1.4　ランダムに正方形を選択し、細かい正方形に等分分割する

　大小全て合わせた正方形の中でランダムに正方形を選択し、選択された正方形を細かい正方形に分割していきます。これを何度か繰り返すことで、本作品のような細かい模様が得られます。また、立体図形の「重なり」具合を表現するために、正方形の穴の開いたデザインを2層作り、立方体の内包されている様子を表現しました。このように細かい切り絵同士を重ねることでできる線の交差や影は、切り絵特有の表現となります。

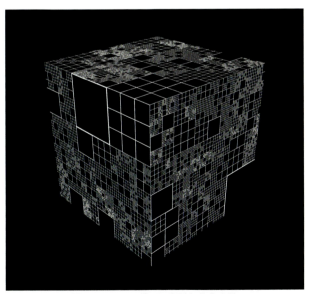

図4.1.5　ランダムに分割した立方体

Title:「Jamais vu」(2022年), 200mm × 200mm
「動き」で形を特徴づける。

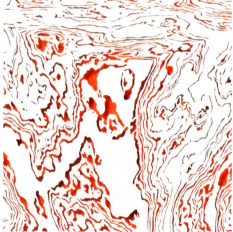

[数学的な解説]

　作品「Restriction」と同様に立方体をベースにし、各面に瑪瑙（めのう）のような縞模様を付けてみました。これも Blender の機能を活用して作成しました。まずは元の立方体に対し、「ノイズ」をかけます（図4.1.6左）。ノイズにも様々な種類があり、今回は「フラクタルブラウン運動」を採用しました。その後、与えたノイズをベースにし、波模様を作成するテクスチャを作り出します（図4.1.6右）。

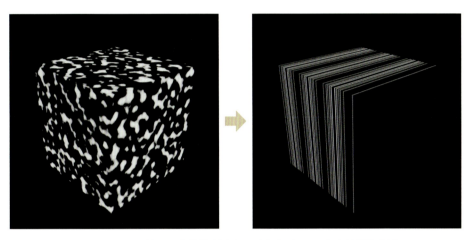

図4.1.6　ノイズをかけた模様（左）と、それをベースにした波模様（右）

　波のテクスチャには様々な効果を付与することができます。まずは「歪み（Distortion）」の数値を上げ、図4.1.7左のような歪んだ波模様を作成します。さらに、「粗さ（Roughness）」の数値を上げることでノイズを加え、図4.1.7右のような瑪瑙模様を作成できます。

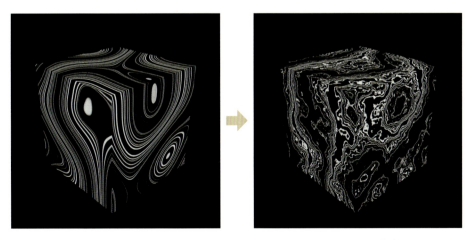

図4.1.7　波を歪ませた模様（左）に、粗さを加えてできる瑪瑙模様（右）

Title：「Dynamics」(2023年)，200mm × 200mm
ドーナツの上の連続的な動きは球面とは異なる構造を持つ。

[数学的な解説]

作品「Jamais vu」と同様の瑪瑙模様を、「トーラス」と呼ばれるドーナツ型の立体図形の表面に対して施しました。図4.1.8のように、ノイズをかけ、波模様を生成します。

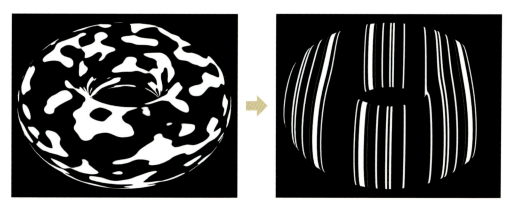

図4.1.8　ノイズをかけた模様（左）と、それをベースにした波模様（右）

その後、図4.1.9のように歪みのエフェクトと粗さのエフェクトを調整することで、トーラス上に瑪瑙模様を作成します。

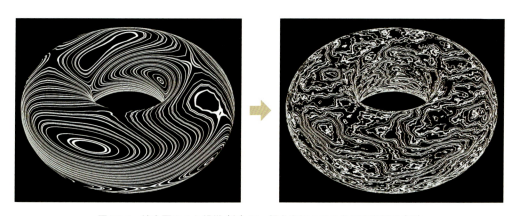

図4.1.9　波を歪ませた模様（左）に、粗さを加えてできる瑪瑙模様（右）

トーラスとは、球面に穴を開けたような曲面を指します。長方形の辺のうち1組の対辺をつなぎ合わせて筒状にし、もう1組の対辺（円形になっている）もつなぎ合わせることでトーラスを構成できます。つまり、長方形の対辺を同じ向きで同一視することで、本質的にトーラスの構造を考えることができます。これを「平坦トーラス」といい、ひと昔前のRPGにおけるワールドマップなどでこのような構造が見られます。

また、球面上で風（つまり連続なベクトル場）を考えると、必ず無風の点が存在することが知られています（「ハリネズミの定理」や「つむじの定理」などと言われています）。これに対して、トーラス上では、風が吹かない地点がないような状態を考えられることが知られています。

第4章 3次元の美しさ

Title:「Association」(2023年), 200mm × 200mm
円環構造の中に「捻じれ」を加えることでより複雑化していく。

4.1 立体図形と緻密な模様

[数学的な解説]

　この作品は、捻じれトーラス（twisted torus）をモチーフにしています。長方形をつなぎ合わせてトーラスを作成する際、通常は図4.1.10のように左右の辺を張り合わせ、その後、円形の境界線を、位置を揃えるように張り合わせます。

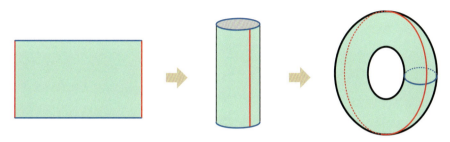

図4.1.10　長方形をつなぎ合わせることでトーラスを作る

　これに対し、捻じれトーラスの場合は、円形の境界線を捻じってつなぎ合わせます。円形の筒では捻じれがわかりにくいので、五角柱の筒を捻じってつなぎ合わせてみたのが図4.1.11です。

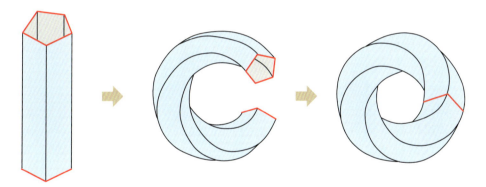

図4.1.11　筒を捻じってつなぎ合わせることで捻じれトーラスを作る

　Blenderを用いることでメッシュの細かさや捻じれ具合などの調整もでき、様々なパターンの捻じれトーラスを作成できます。

図4.1.12　様々な捻じれトーラス

4.2 立体図形の変形

　前節では、立方体やトーラスといった、数式で直接表現できる立体図形をモチーフにした作品を紹介しました。この節では、図形を「スカルプティング」したものをモチーフにした作品について解説していきます。「スカルプティング」とは、立体図形を粘土のように手で捏ねたり、道具を使って表面に凹凸をつけたりすることで形状を変化させる操作のことを言います。

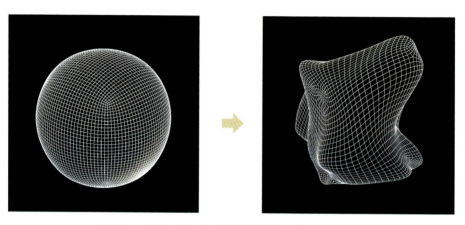

図4.2.1　スカルプティング（立体図形の変形）のイメージ

　コンピュータを用いて立体図形のスカルプティングを行うと、正確なシミュレーションに基づき、手書きでは難しい複雑な立体構造を表現することができます（図4.2.1）。

　こうした自由に変形させてできる立体図形を簡単な数式で表すのはとても難しいことです。しかし、スカルプティングのような切ったり貼ったりしない、「連続的な変形」は、その図形の位相的（トポロジカル）な特徴を保ちます。

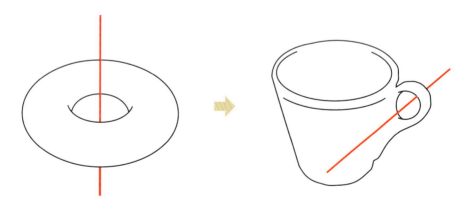

図4.2.2　ドーナツを連続的に変形して、コーヒーカップの形にする

例えば、ドーナツ型の図形（トーラス）を連続的に変形することで、図4.2.2のように、コーヒーカップの形にすることができます。一見、形は違いますが、「穴が1つ開いている」という大きな特徴は変形の前後で変わっていません。このように、連続的な変形において変わらない量（不変量）や幾何学的な構造を研究する位相幾何学（トポロジー）と呼ばれる数学の分野があります。位相幾何学の世界では、ドーナツもコーヒーカップも"同じ"であると考えることがあります。つまり、スカルプティングによって移り合う図形は"同じ"であると考えるのです。

　位相幾何学の話をしたついでに、切り絵の下絵について少しお話をしましょう。私が作成している切り絵は、基本的に1枚の紙から1つの切り絵を切り出します（中には複数のバラバラな切り絵を重ね合わせることもあります）。つまり、下絵において、残す部分のエリアは全てつながっていることになります。これを数学的には「弧状連結」といいます。

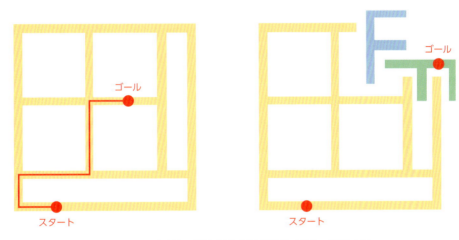

図4.2.3　弧状連結な領域（左）と弧状連結ではない領域（右）

　想像してみましょう。ある領域内にスタート地点とゴール地点の適当な2地点を決めます。このときスタート地点から領域内を歩いていくことでゴール地点にたどり着けたとします。これは、2つの地点が「パスでつながっている」ことを示します。考えている領域内でどんな2地点を考えても、必ず2点間を結ぶルートが存在するとき、その領域を弧状連結であると言います。図4.2.3右はエリアが3つに分かれていることから、図のような2地点を考えるとパスでつながりません。そのため弧状連結ではありません。このように、1枚で完結するような切り絵の下絵には、弧状連結性という数学的な制約がかかってくるのです！

　なお、カッティングの際は下絵の線に沿って切ることだけに集中したいので、切る前に必ず弧状連結になっているかを確認することがあります。明らかに弧状連結でない下絵であった場合は、どのような成分で構成されているかを把握し、必要最小限のパスをつなげることで下絵を弧状連結にします。

第4章 3次元の美しさ

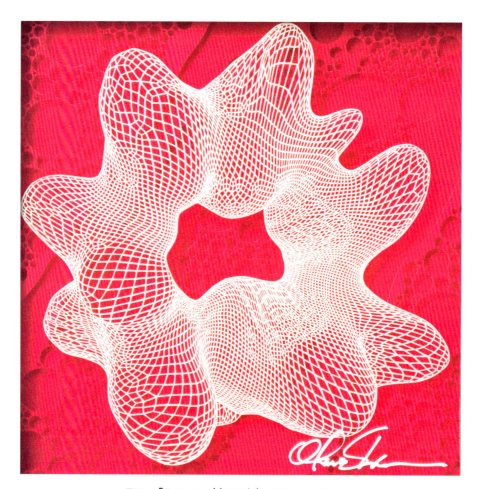

Title：「Explosion」(2023年)，200mm × 200mm
円環構造の外側へ。

[数学的な解説]

この作品のデザインは、ドーナツ型の曲面である「トーラス」をスカルプティングにより変形することで作成しました（図4.2.4）。

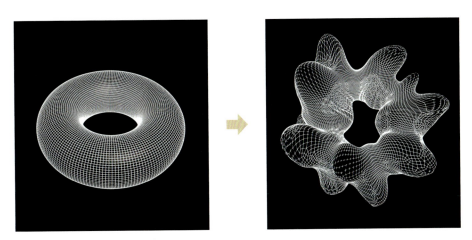

図4.2.4　トーラスの変形

トーラスを細かいグリッドに分割する際、図4.2.5のように、メリディアン（経線）とロンジチュード（緯線）と呼ばれる線に沿って分割していきます。これにより細かく分かれたエリアは基本的に長方形型になっており、スカルプティングを行っても、極端にエリアが小さくなってつぶれるようなことがありません。

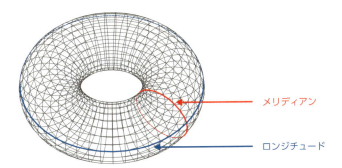

図4.2.5　トーラスのメリディアンとロンジチュード

この作品は、トーラスが爆発するようなイメージで作成しました。とても立体的で奥行きがある下絵ですが、切り絵なので、平面であるという、（この章全部で言えることですが）なんとも不思議な作品となっています。

第4章　3次元の美しさ

Title：「Amoeba」(2023年)，200mm × 200mm
連続変形における不変的な幾何学的性質とは。

[数学的な解説]

　立方体の各面を分割し、スカルプティングによる変形で爆発させたような図形を作成しました。元の図形がわからないぐらい大胆に変形をさせましたが、穴は開いていないので位相幾何学的には"同じ形"であると考えることができます。ずいぶん様子は違うので、構造が同じと言われても少し違和感があると思います。このような変形をどれだけ行っても、切り取ったり、貼り付けたりしない限りは本質的な構造は変わりません。

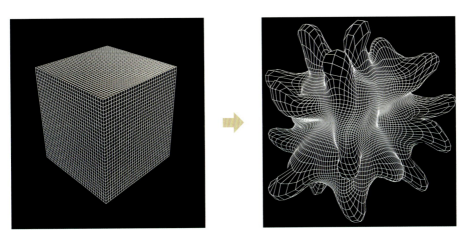

図4.2.6　立方体を大胆に変形

　今回の切り絵は、各四角形型のグリッドの内部に楕円を描き、楕円の部分を切り抜くことで作成しています（図4.2.7）。緩やかな変形であっても、細部は頂点同士をまっすぐな線で結んでおり、ポリゴン（多角形）でできています。そこに丸い図形を使うことで、全体をより柔らかな形状に見せています。

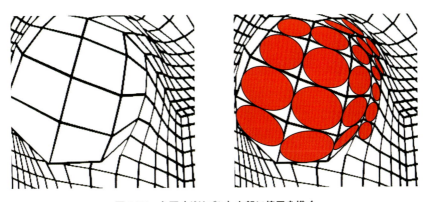

図4.2.7　各面（ポリゴン）内部に楕円を描く

第4章 3次元の美しさ

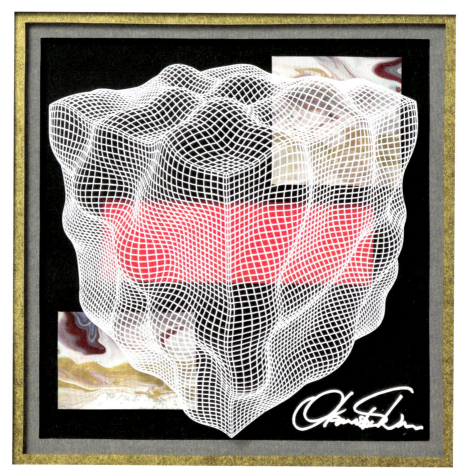

Title：「Fluctuation」(2023年)，200mm × 200mm
膨らみはないが奥行きがある。

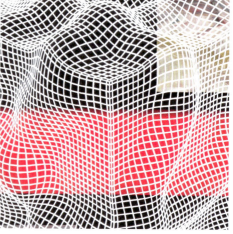

[数学的な解説]

この作品のデザインは、立方体に対し軽めの変形を行い、ベースが立方体であることがわかるように作成しました（図4.2.8）。しっかりと立方体の元の辺の部分が見えるので、各面における「山」の向きが比較的はっきりしており、より一層立体感を強調させます。

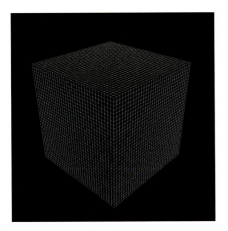 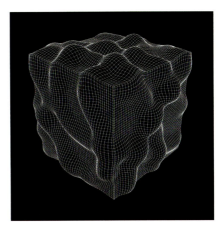

図4.2.8　元の立体が立方体だとわかる程度の変形

立体感を強調した切り絵は、切り終わったときの達成感が大きく、光を当てて影を作ったりして遊ぶことがあります。ただ遊ぶだけではなく、背景色や配置をイメージするなどして、どのようなレイヤー構造にするかを試行錯誤します。非常に悩ましい作業ではありますが、同時にこれが多層切り絵の面白いところでもあり、様々な表現を生み出すことができます。図4.2.9は、実際に試行錯誤しているときの様子です。ピンクと白い線、黒い影の表現がとても面白いと感じ、作品にピンクを取り入れることを決めました。

図4.2.9　切り絵と影（左）、背景色を試す作業（右）

第4章 3次元の美しさ

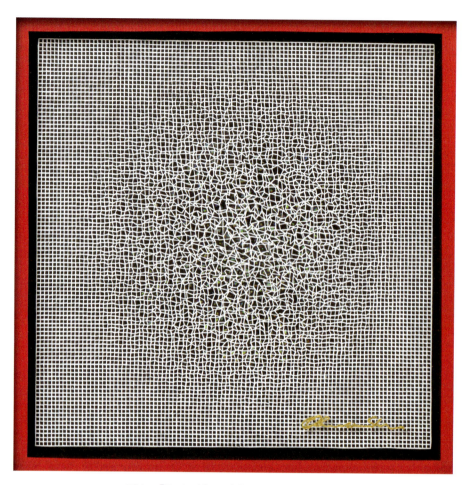

Title:「Quake」(2023年), 200mm × 200mm
ランダム性と立体変動。

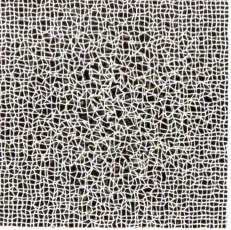

[数学的な解説]

　正方形を10000個の小さな正方形に分割し、ランダムに頂点（分割線が交わる点）を選択します。この選択する頂点は、中央に近いほど多く分布するように設定します。そして、選択した頂点を平面と垂直な方向にランダムに持ち上げます。ただし、中央に近いほど高く持ち上げるようにします。これにより、ギザギザした山のような形ができあがります。簡単な例を考えてみましょう。図4.2.10左のように正方形の平面を64等分し、中央に近いほど多くなるようにランダムに内側の頂点を選択し、中央に近い頂点ほど高くなるように上に持ち上げます。これにより、持ち上げた頂点に接している辺も伸び、図4.2.10右のようなギザギザした形になります。

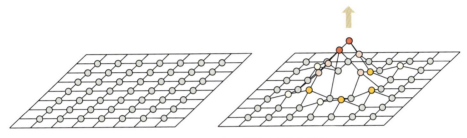

図4.2.10　ランダムに頂点を持ち上げる

　こうして変形した立体を、真上から見た図が今回の切り絵のモチーフになります。3次元ではギザギザの構造ですが、真上から見た図は結晶のような美しい模様になっています。図4.2.11左は下絵に使用した3次元のモデルを斜めから見た図、図4.2.11右は真上から見た図です。見る方向によってずいぶんと違いがあることがわかります。

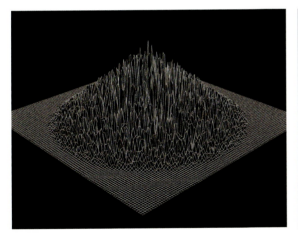 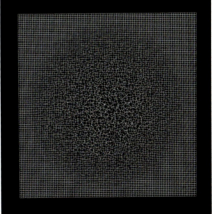

図4.2.11　下絵に用いた実際のモデル

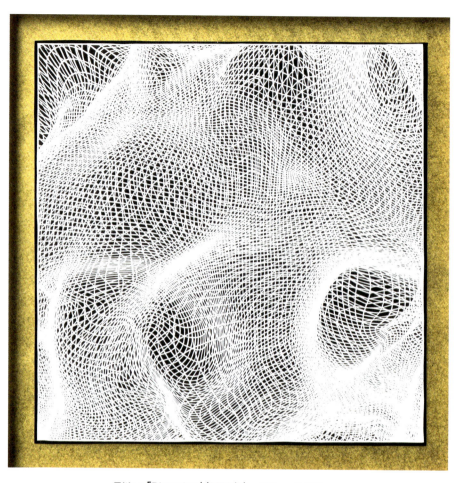

Title：「Distortion」(2023年)，200mm × 200mm
捻じれ、歪み、膨らみ。
複数の曲線により平面上に表現ができる。

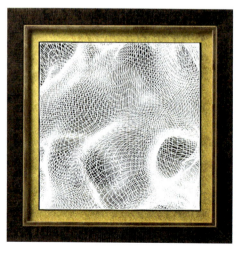

[数学的な解説]

立方体に対して膨らませるような変形と面の細分化により球面を作ります（図4.2.12）。このようにしてできる球は「クワッドスフィア（quad sphere）」と呼ばれ、地球や天体といった球面上のデータを扱う際に使われる地図投影法で用いられます。

図4.2.12　クワッドスフィアの作成

スカルプティングにより、図4.2.13のような「グニャグニャ」の立体図形を作成できます。クワッドスフィアを用いる大きな利点は、細長い三角形ができたりグリッドがつぶれたりすることがなく、どこのエリアもほぼ同じような四角形型のグリッドになることです。

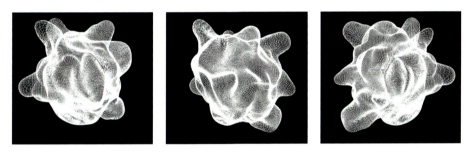

図4.2.13　スカルプティングによる変形

こうしてできた立体図形のワイヤーフレーム（辺）のみを出力し、その一部分を切り抜くことで今回の作品の下絵を作成しました（図4.2.14）。

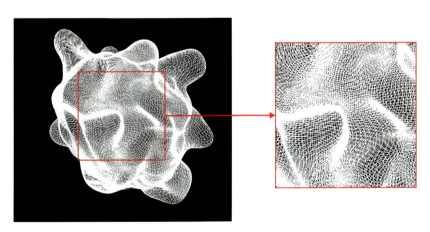

図4.2.14　立体図形の一部分を切り抜く

Title：「Moon shot」(2023年)，200mm × 200mm
富士山は、静岡県と山梨県に跨る標高3776.12mの活火山。
日本を象徴する山であり、多くの芸術作品で扱われる。

[数学的な解説]

　この作品は、富士山の地形データを利用して作成しました。具体的には、細かく等分割した平面を準備し、各地点における標高のデータを高さとして変形させます。これはBlenderの機能を活用することで作成できます。

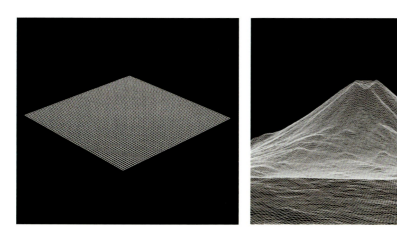

図4.2.15　平面から富士山の3Dモデルを作成

　最初の平面の分割を細かく設定していくことで、凹凸が細部まで表現されています。また実際の標高データを使用しているので、正確な山の様子が描かれます。あとはこれを下絵として、白い部分を残すように切り抜きます。技術的にはカッティング作業はそこまで難易度は高くないですが、とにかく単調な作業が続くので切るのが億劫になります。

図4.2.16　富士山を切る様子

　立体図形の切り絵全般に言えることなのですが、とにかく忍耐力が重要になってきます。少しずつでよいので諦めずに進めていけば、想像以上の達成感を味わうことができます。

4.3　4次元の可視化

　この節では「4次元の可視化」について解説します。まず、4次元について説明しましょう。紙の上のような、平面の世界は2次元であり、縦と横の2つの軸に支配されています。これに「高さ」というもう1つの軸を加えた世界が3次元となります。私たちが住んでいるのは3次元の世界であり、ここまでの認識は自然に行えます。ここにもう1つ軸を加えたのが「4次元」です。3次元にいる限り、私たちは4次元の世界を直接見ることができません。ちなみに、3次元の世界に「時間軸」を加えて「4次元」と考えることもありますが、時間の場合は1方向しかありませんので、私たちが腕を自由に動かしたり、前に進んだり、後ろに下がったりするように、時間軸を自由に行き来することはできません。こうした意味では、完全な4次元空間を認識しているとは言えなさそうです。しかし、数学はとてもよくできていて、数の組み合わせによる「座標」や、複数の文字を使った方程式などを駆使することで、どんな次元の世界でも考えることができます（数学の世界には「無限次元」という世界もあります）。

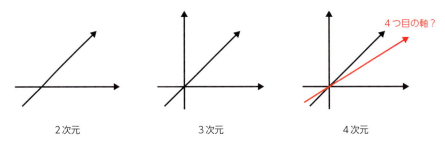

図4.3.1　4次元の世界へ

　このように、4次元やもっと高い次元の世界というのは確かに存在し、数学や物理学の多くの美しい理論が展開されています。では、4次元の世界はどのようにすれば可視化できるのでしょうか？　こうした問題は数学者だけでなく、4次元の世界に魅了された多くの芸術家の間でも考えられてきました。例えば、超現実主義（シュルレアリスム）の代表的な画家サルバドール・ダリ（1904〜1989）もその一人です。ダリの「超立方体的人体（磔刑）」という作品では、立方体の4次元版である「超立方体」の展開図をモチーフにしています。通常、3次元の「立方体」の展開図は、2次元の図形である正方形を6枚使って表現できます。同じように4次元の超立方体を「展開」すると3次元の図形である立方体を8個使って表現できます（図4.3.2）。

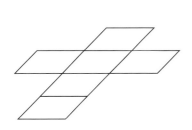
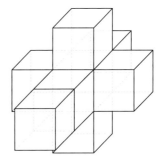

図4.3.2　立方体の展開図（左）と4次元超立方体の展開図（右）

また、4次元の考察は、キュビズムの代表的な画家であるパブロ・ピカソ（1881～1973）にも影響を与えたと言われています。実際に、フランスの数学者エスプリット・ジューフレ（1837～1904）による「Traité élémentaire de géométrie à quatre dimensions（4次元の幾何学に関する基礎的考察）」はピカソの代表作「アビニヨンの娘たち」の制作にも影響を与えたと言われています。

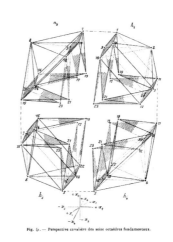

図4.3.3　パブロ・ピカソ（左）と「4次元の幾何学に関する基礎的考察」の挿絵（右）

直接目で見たり触ったりすることが難しい4次元や高次元の世界は、今日でも多くの数学者や物理学者、芸術家を魅了しており、様々な研究や表現が考えられています。本書では、「切り絵」という手法で、不完全ではありますが、「4次元」の世界を表現した作品をいくつかご紹介していきます。

第4章 3次元の美しさ

Title：「Pulsar」(2023年)，200mm × 200mm
直接目で見ることができない、重複した輪の構造。

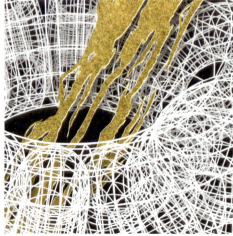

106

[数学的な解説]

この作品では「3次元トーラス」をモチーフにしています。1次元トーラス T^1 とは単純な輪（単純閉曲線）であり、単位円周 S^1 と"同じ"であると考えることができます。

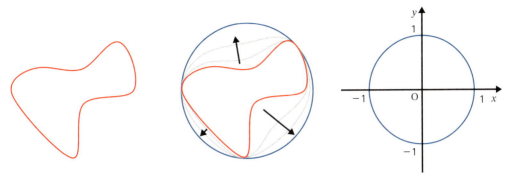

図4.3.4　連続変形

同じであるとは、図4.3.4のように連続的に変形させることで移り合うようなイメージです。なので、複雑に曲がったものを考えるよりも、どうせなら座標平面上で考えて原点を中心とした半径1の円にする方が扱いやすいのです。式で表すと、

$$T^1 := S^1 = \{(x, y) \in \mathbb{R}^2 \mid x^2 + y^2 = 1\}$$

となります。また、2次元トーラスは、2つの単位円周 S^1 の直積

$$T^2 := S^1 \times S^1$$

で表されます。直積は、1つ目の集合の各成分に対して2つ目の集合を対応させるような、図4.3.5のようなイメージです。

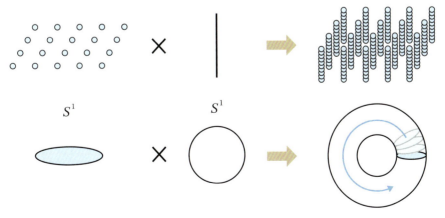

図4.3.5　直積のイメージ

そのため、T^2は4.1節でも登場したドーナツ型の立体図形を表します。同様にしてn次元トーラスT^nをn個のS^1の直積と定めます。

$$T^n := S^1 \times S^1 \times \cdots \times S^1$$

3次元トーラスT^3は$S^1 \times S^1 \times S^1$となるわけですが、どのような形をしているのでしょうか？2次元トーラスは3次元空間内で考えることができましたが、3次元トーラスはもう1つ次元が上がり、4次元の世界で捉えることになります。これを考えるために、2次元トーラスの"断面"について考えてみましょう。図4.3.6のように大きな方の輪を切ると、その断面は1次元トーラス、つまり円周になります。

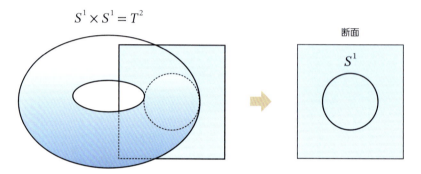

図4.3.6　2次元トーラスの断面は1次元トーラス

これは、直積の考え方からもわかるように、片方の集合の一部に注目すると、それに紐づく集合となります。つまり、3次元トーラスの断面は$S^1 \times S^1$、つまり2次元トーラスになると考えられます。

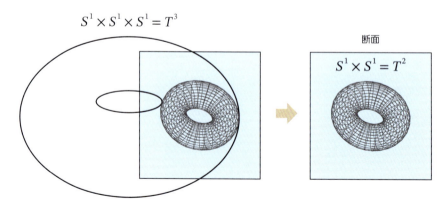

図4.3.7　3次元トーラスの断面は2次元トーラス

こうした観察から、3次元トーラスを平面の絵で表現するために、図4.3.8のようにいくつかの角度でスライスし、その"断面"の部分に2次元トーラスを配置することで、無理矢理3次元トーラスを可視化することができます。

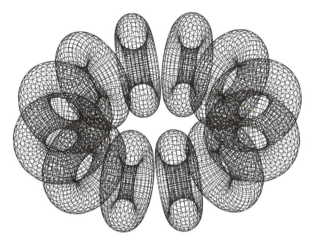

図4.3.8　断面が2次元トーラスであることを示唆した図

今回の切り絵作品では、この構図を使っています。さらに、立体感を出すために、図4.3.9のように7枚のアクリル板を使い、各層に2次元トーラスを1つもしくは2つずつ配置して立体的な構造を表現しました。

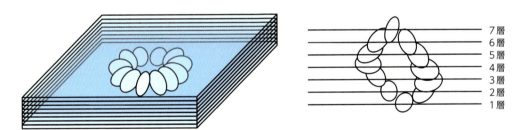

図4.3.9　複数のアクリル板を使い、立体構造を表現

第4章　3次元の美しさ

Title：「4-dimentional dragon」(2024年)，200mm×200mm
3次元空間に4つ目の軸として「時間軸」を加えた4次元時空。
時間軸を自由に行き来する様子を想像してみよう。

[数学的な解説]

4次元の世界において3次元球面 S^3 というものがあります。まずは作品「Pulsar」の解説で登場した単位円周 S^1 は1次元球面ともいいます。一般に n 次元球面 S^n は次のように表現されます。

$$S^n := \left\{ (x_1, x_2, \ldots, x_{n+1}) \in \mathbb{R}^{n+1} \mid x_1^2 + x_2^2 + \cdots + x_{n+1}^2 = 1 \right\}$$

1次元球面は $S^1 = \left\{ (x_1, x_2) \mid x_1^2 + x_2^2 = 1 \right\}$ となり、2次元平面内の図形を表します。また、私たちが「球面」と聞いて思い浮かべるボール型の図形は2次元球面であり、$S^2 := \left\{ (x_1, x_2, x_3) \in \mathbb{R}^3 \mid x_1^2 + x_2^2 + x_3^2 = 1 \right\}$ という、3次元の座標空間で表現できます。名称と実際の空間の次元が1つズレることに注意しましょう。今回の3次元球面は

$$S^3 := \left\{ (x_1, x_2, x_3, x_4) \in \mathbb{R}^4 \mid x_1^2 + x_2^2 + x_3^2 + x_4^2 = 1 \right\}$$

であり、4次元の座標空間で考えることができます。そのため3次元球面を直接見ることはできないので、作品「Pulsar」の解説でも紹介したようにスライスした断面を観察することにします。S^3 上の点 (x_1, x_2, x_3, x_4) は方程式 $x_1^2 + x_2^2 + x_3^2 + x_4^2 = 1$ を満たしています。$0 \leq t \leq 1$ として、$x_4 = t$ でスライスしたときの断面図は $x_1^2 + x_2^2 + x_3^2 = 1 - t^2$ となり、これは半径 $\sqrt{1-t^2}$ の2次元球面となります。つまり、3次元球面の断面は2次元球面となります。これを利用して、1つの軸で何度もスライスすることで、無理矢理3次元球面を可視化できます。

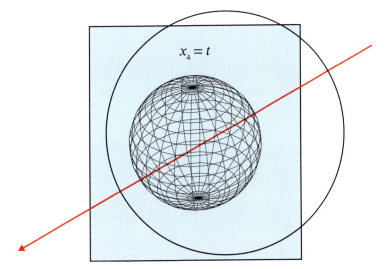

図4.3.10　3次元球面を $x_4 = t$ でスライスしたときの断面のイメージ

コラム：トポロジーのトリック

2つの図形を切り貼りすることなく、粘土のように「連続的」な変形で移り合うとき「同じ」であると考える位相幾何学（トポロジー）という分野があります。4.2節で少し話題にしましたが、コーヒーカップとドーナツは連続的に移り合います。これら2つの図形には、「穴が1つ空いている」という共通の性質があり、トポロジーの考え方は図形を特徴ごとに分類する役割があります。

では、図4.a左のような輪が絡まったような図形を考えてみましょう。穴は2個あり、トポロジーの考え方でいうと図4.a右のような2つ穴のドーナツと同じということになりますが、果たして連続的な変形のみで移り合うのでしょうか？

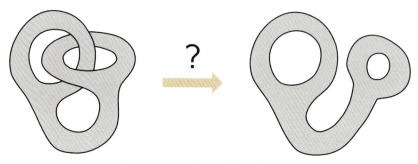

図4.a　2つの図形は連続的に移り合う？

実際に図4.bのような見事な変形により、絡まりを解消できます。切ったり貼ったりすることなく絡まりが解消できるのはとても面白いですね。

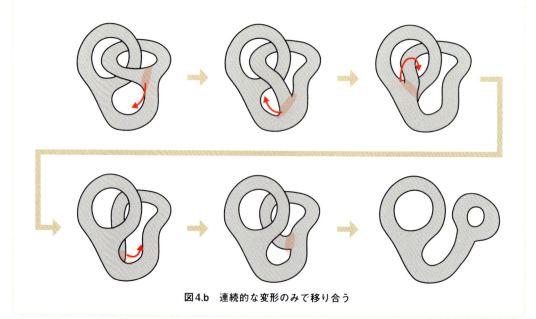

図4.b　連続的な変形のみで移り合う

第5章

その他のモチーフ

この章では、アトラクターや立体表現、騙し絵や結び目理論など、様々なモチーフを使った作品を紹介していきます。多種多様な分野の中にある美しさを切り絵で表現していきます。

第5章　その他のモチーフ

Title：「Time evolution」(2024年), 200mm × 200mm
混沌とした振る舞いの中にも確かに美しさは存在する。

[数学的な解説]

物理学の文脈で、非線形な光共振器（鏡と鏡の間に光を閉じ込め、定常波を生み出す機器）における光の軌跡をモデル化したものとして「池田写像」と呼ばれるものがあります。もともとは複素解析的な写像ですが、実数平面で写像を表現すると

$$\begin{cases} x_{n+1} = 1 + u\left(x_n \cos t_n - y_n \sin t_n\right) \\ y_{n+1} = u\left(x_n \sin t_n + y_n \cos t_n\right) \end{cases}$$

で定められます。ここで、$t_n := 0.4 - \frac{6}{1+x_n^2+y_n^2}$ であり、u はパラメータです。このような、$n+1$ 番目の点が n 番目の点から定まる漸化式が与えられたとき、同じ空間で点が別の点に移っていく様子が考えられます。このように同じ空間内で考える連続的な写像がある場合、その写像と空間のペアを「力学系」といいます。また、「n 番目」というように、とびとびになっている点の移動は「離散力学系」といいます。一般に力学系では、時間発展による物理系の変化を観察します。池田写像では、n の部分が時間に対応し、1秒後、2秒後、3秒後、…といった離散的な時間発展になります。

離散力学系の例である池田写像は「カオス的な振る舞い」を示すことが知られています。「カオス的」とは、いくつか定義がありますが、簡単に言うと「ちょっとした誤差により、全く予測できない複雑な様子」のことを指します。また、この写像は、パラメータを調整することで、時間発展する軌道を引き付ける「アトラクター」という領域が現れることが知られており、通称「池田アトラクター」と呼ばれています。今回の作品は $u = 0.89$ としたアトラクターを下絵にしています（今回の切り絵では裏面を使用しているため、左右逆向きの図になりました）。

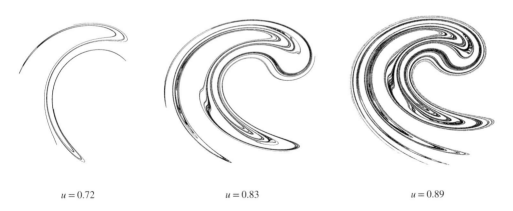

$u = 0.72$　　　　$u = 0.83$　　　　$u = 0.89$

図5.1　パラメータごとの池田アトラクターの描写

第5章 その他のモチーフ

Title：「Mythic bird」(2021年)，200mm × 200mm
カオス的な振る舞いの中に見出される"神話"のような美しさ。

[数学的な解説]

　この作品は「グモウスキー・ミラのアトラクター」と呼ばれる図形をモチーフにしています。作品「Time evolution」の池田アトラクターと同様に、2次元の離散力学系写像から得られる模様です。1960〜70年代にかけて、イゴーリ・グモウスキーとクリスチャン・ミラは、加速器と蓄積リングにおける不安定性の研究をしていました。そして加速器、蓄積リング内での粒子の運動を記述するためのモデルとして、離散力学系写像を導入しました。いくつかの項に分かれているものをまとめた次のような写像を一般に「グモウスキー・ミラの写像」と呼ぶことがあります。

$$\begin{cases} x_{n+1} = y_n + \alpha y_n \left(1 - \sigma y_n^2\right) + \mu x_n + \dfrac{2(1-\mu)x_n^2}{1+x_n^2}, \\ y_{n+1} = -x_n + \mu x_{n+1} + \dfrac{2(1-\mu)x_{n+1}^2}{1+x_{n+1}^2} \end{cases}$$

　この写像も池田写像と同様にアトラクターを持つことが知られており、このアトラクターを「グモウスキー・ミラのアトラクター」と呼びます。パラメータを変えると、多種多様な形状のアトラクターが描写されます。

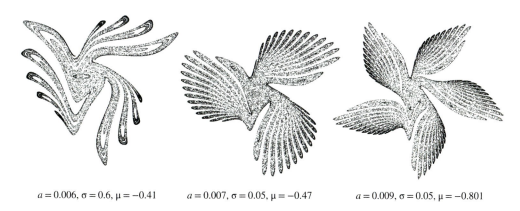

$a = 0.006, \sigma = 0.6, \mu = -0.41$　　　$a = 0.007, \sigma = 0.05, \mu = -0.47$　　　$a = 0.009, \sigma = 0.05, \mu = -0.801$

図5.2　様々な形状のグモウスキー・ミラのアトラクター

　例えば、図5.2の右 ($\alpha = 0.009, \sigma = 0.05, \mu = -0.801$) は鳥の羽のような神秘的な形をしており、ミラはこうした形状を「神話の鳥 (mythic bird)」と名付けました。

第5章　その他のモチーフ

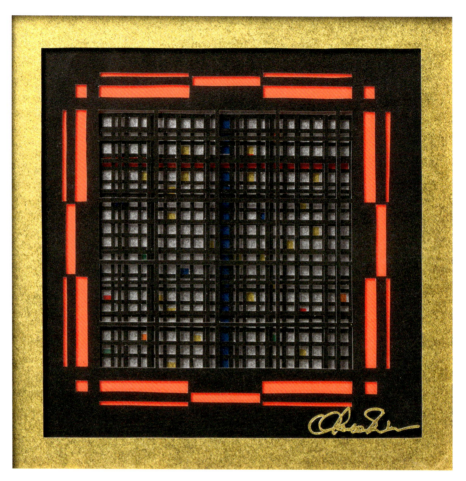

Title：「Depth」(2023年)，200mm × 200mm
遠く、深く、無限に続く。"恐怖"と"美しさ"は表裏一体なのか？

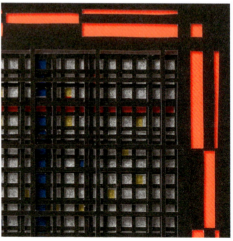

[数学的な解説]

　本作品は、無限に続く"ジャングルジム"の構造を意識したデザインになっています。ジャングルジムは、いわば3次元空間における"格子"です。3次元の図形を平面に描く際は、「遠近法」を用いることで立体感を出すことができます。遠近法には様々な方法があり、一点透視、二点透視、三点透視図法などがあります（図5.3）。

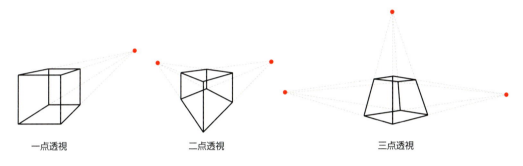

図5.3　透視図法

　今回の切り絵は、無限に続く3次元格子を、一点透視図法を用いて描き、斜めの線（奥行きを表す線）を省略したデザインとなっています。斜めの線を省略することで立体的な表現を弱め、立体的にも平面的にも見える図になっています。

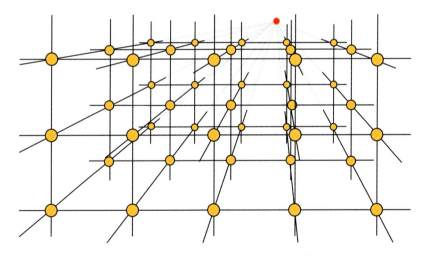

図5.4　一点透視図法を用いた3次元格子の表現

　また、配色や黒い線を用いた表現は、オランダの画家ピエト・モンドリアン（1972〜1944）のシリーズ作品「コンポジション」を意識しました。切り絵の場合、アクリル板に挟んで浮かせることができるので、"多層版コンポジション"ともいえる表現になっています。アイデアとして気に入っているので、今後もシリーズとしてこのようなデザインの作品を制作していきたいと考えています。

第5章 その他のモチーフ

Title：「Interference」(2024年), 200mm × 200mm
「広がり」と「重なり」と「無垢」。

[数学的な解説]

　この作品のモチーフは、「波の干渉」です。2つの異なる平面上の点から同時に同じ波長の波を発生させると図5.5のように、同心円状に広がった波が交差することで、規則的な模様を生み出します。

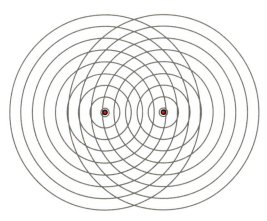

図5.5　波の干渉

　波や交差部分の立体感は、切り絵を複数枚重ねることで表現できます。具体的には図5.6のように等高線を考えます。各色に対応する線の下絵は図5.7左のようになり、これらを重ねることで、「波の干渉」を立体的に表現できます。

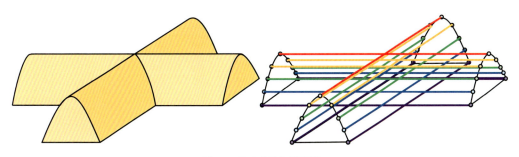

図5.6　波の交差と等高線

図5.7　各等高線に対応する下絵（左）とそれらを重ねた図（右）

第5章　その他のモチーフ

Title：「Labyrinth」(2022年)，200mm × 200mm
上なのか下なのか、つながっているのかいないのか。
その線が描く世界は2次元なのか3次元なのか。

[数学的な解説]

　この作品では、「だまし絵」をモチーフにしています。だまし絵は、版画家のM. C. エッシャーの作品や、数理物理学者のロジャー・ペンローズによる"ペンローズの三角形"（図5.8左）などにもみられるように、3次元空間では実現不可能な不思議な立体絵のことを指します。

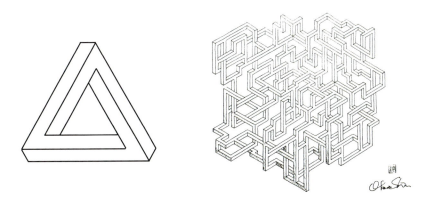

図5.8　「ペンローズの三角形」（左）と本作品の下絵（右）

　また、三角形を敷き詰めた「立体方眼紙」を利用すれば、立体的な図形を簡単に作成することができます。実際に図5.9のように、斜め線を利用して立体的な柱の構造を表現できます。

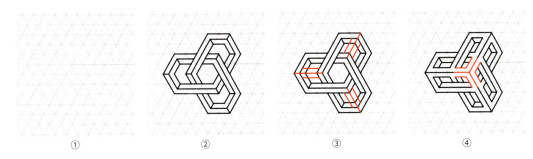

図5.9　立体方眼紙を利用しただまし絵の作成

　だまし絵は、図形の立体構造に矛盾を持たせることで作成できます。つまり、"間違った立体図"を描くわけです。図5.9の③や④のように、線を付け足すことで、明らかに立体構造（上下関係）に矛盾が生じます。このような方法を繰り返すことで、複雑な立体迷路のような下絵を作成できます。

第5章 その他のモチーフ

Title：「Forma」(2022年), 200mm × 200mm
「正多面体」は5種類しか存在しないことが古代の時代から知られている。
さらにそれらの間に成り立つ関係は美しさを際立たせる。

[数学的な解説]

この作品は正多面体（または「プラトンの立体」）をモチーフにしています。正多面体とは、1種類の正多角形を用いてできる凹みのない立体図形であり、各頂点周りの面の数が全て等しいもののことをいいます。正多面体は、正四面体、正六面体、正八面体、正十二面体、正二十面体の5つしか存在しないことが古代の時代から知られています。

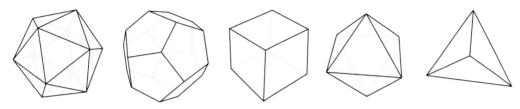

図5.10　5種類の正多面体

図5.11のように、縦横比が黄金比であるような黄金長方形を3枚使い、正二十面体を形作ることができます。このような性質から黄金比は、「神聖比」とも呼ばれていました。

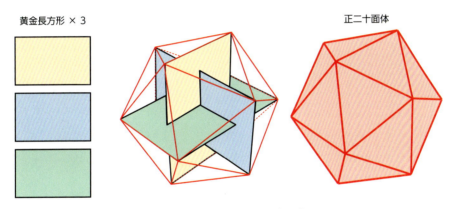

図5.11　黄金長方形と正二十面体

また、正多面体同士の内接関係が知られており、5種類の正多面体は図5.12のように内接する形で描くことができます。今回の切り絵はこの図を回転してコピーしたデザインになっています。

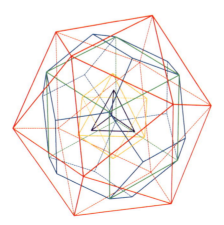

図5.12　正多面体の内接関係

第5章　その他のモチーフ

Title：「Trinity」(2024年)，200mm × 200mm
心的空間の構造をトポロジーで用いて解き明かそうとした精神分析家J.ラカン。
彼は人の心を現実界・象徴界・想像界に分類し、
それらの関係をボロミアン環で表した。

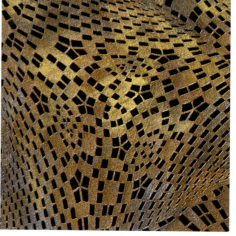

[数学的な解説]

　この作品は、「ボロミアン環」と呼ばれる絡み目の「ザイフェルト曲面」をモチーフにしています。「絡み目（link）」とは、複数の閉じた輪が立体的に絡まったものを指します。なお、1本が自ら絡まってできる輪を「結び目（knot）」、結び目の構造を研究する分野を「結び目理論」と言います。

　境界線が絡み目や結び目になるような曲面は必ず存在することがフェリックス・フランクル（1905～1961）とレフ・ポントリャーギン（1908～1988）によって示され、その後、ヘルベルト・ザイフェルト（1907～1996）によってそのような曲面を構成するアルゴリズムが発表されたことから、この曲面は「ザイフェルト曲面」と呼ばれています。

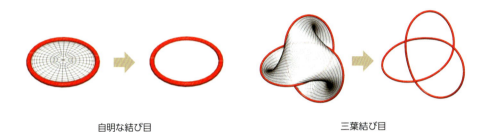

図5.13　自明な結び目と三葉結び目のザイフェルト曲面

　図5.13では、絡まりのない輪である自明な結び目と、三葉結び目と呼ばれる基本的な結び目とそのザイフェルト曲面を表しています。今回の作品のモチーフは「ボロミアン環」と呼ばれる3本の輪でできた絡み目のザイフェルト曲面です。ボロミアン環は図5.14のように、3本では絡まっていますが、3本のうちどの2本の輪も絡まっていない絡み目です。

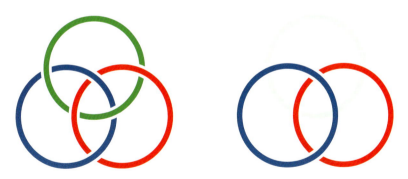

図5.14　ボロミアン環。どの2本の輪も絡まっていない

　「ボロミアン環」という名称は、北イタリアの貴族"ボロメオ家"の紋章に、3つの絡まった輪が使われていたことに由来します。また、"団結の強さ"や「三位一体（Trinity）」の象徴としてボロミアン環を用いることもあります。

なお、数学の分野における国際協力を目的として組織される国際非政府組織「国際数学連合（IMU：International Mathematics Union）」におけるロゴデザインにもボロミアン環が使用されています。

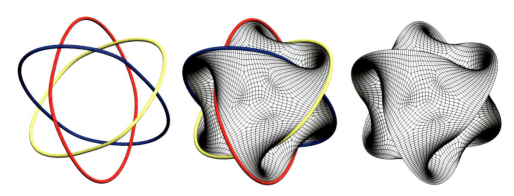

図5.15　ボロミアン環のザイフェルト曲面

図5.15はボロミアン環のザイフェルト曲面を表しています。切り絵の下絵では曲面の部分にメッシュの構造を入れ、それに基づいた細かい模様を描いています。

さらに、ボロミアン環は作品「Forma」の解説で述べた正二十面体とも関係があります。図5.16のように、黄金長方形3枚の中心をそれぞれ垂直に交わらせることで、正二十面体を形作ることができました。このとき、それぞれの長方形の境界線はボロミアン環となります。

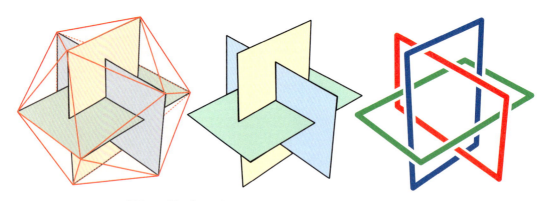

図5.16　正二十面体を構成する黄金長方形の境界とボロミアン環

ボロミアン環以外の比較的簡単な絡み目とそのザイフェルト曲面を図5.17に示します。結び目（あるいは絡み目）は、切ったり貼り付けたりすることなく、ゴムのようにぐねぐねと連続的に変形させることで移り合う場合、それらは"同じ"結び目（あるいは絡み目）であると考えます。自明な結び目はどれだけ変形しても三葉結び目にならないので、「別」の結び目であると考えます。このように、結び目や絡み目は互いに"同じ"ではないものが無数に存在します。

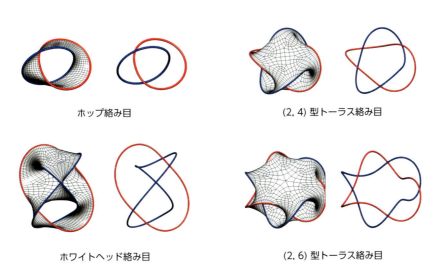

ホップ絡み目　　　　　　　(2, 4)型トーラス絡み目

ホワイトヘッド絡み目　　　(2, 6)型トーラス絡み目

図5.17　その他の絡み目とそのザイフェルト曲面

結び目理論の基本的な目標は、与えられた結び目が"同じ"であるか否かを判定することになります。その際に、連続的な変形によって変化しない量（＝不変量）をうまく定め、その結び目特有の構造を解明していきます。分類はとても難しく、結び目理論は未解決の問題が数多く存在する分野です。

第5章　その他のモチーフ

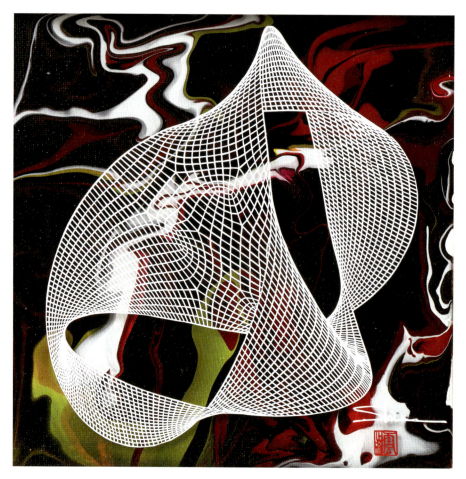

Title：「捌」(2022年)，203mm × 254mm
「8」という数字には様々な性質がある。
数論的な性質だけではなく、その"形状"からも多くの神秘的な特徴が得られる。

[数学的な解説]

作品「Trinity」と同様に、今回の切り絵作品は「8の字結び目」と呼ばれる結び目のザイフェルト曲面をモチーフにしています。なお、数学者ガウスの弟子であるリスティングが力をいれて研究をしていたことから、「リスティングの結び目」と呼ばれることもあります。

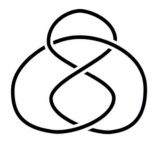 

図5.18　8の字結び目と「8の字」

この結び目は、その形が「8の字」であることから8の字結び目と呼ばれています。結び目は、図における交差点の個数の最小値（これを最小交点数と呼びます）によって分類されます。8の字結び目は唯一の最小交点数4の結び目であることが知られています。

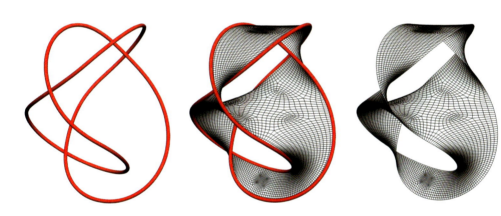

図5.19　8の字結び目とそのザイフェルト曲面

通常、鏡反射させてできる結び目は、元の結び目と構造が異なります。つまり、連続的な変形により、移り合うことができません。しかし、8の字結び目は鏡反射させても、元の結び目と"同じ"になることが知られています。このような性質をカイラリティと言います。さらに、8の字結び目は「双曲結び目」と呼ばれるタイプの結び目であり、3次元球面S^3に対する補空間（結び目のチューブ内部以外の空間）において有限の体積を考えることができます。その値は2.09288…となり、双曲結び目の中で最小の値であることが知られています。このように「8の字結び目」はとても豊富な性質を持つことがわかります。

第5章 その他のモチーフ

Title：「Pallas' cat」(2023年)，200mm × 200mm
［マヌルネコ］
哺乳綱食肉目ネコ科、別名モウコヤマネコ。
英名のPallas' catは発見者Peter Simon Pallasに由来する。

> [解説]

　この作品は「マヌルネコ」をモチーフにしたピクセルアート（ドット絵）デザインの切り絵です。初期のビデオゲームでは、限られた解像度の中でできるだけ表情や動きがわかる描写が重要であり、様々な表現の工夫がなされてきました。ゼロから手作業で描く方法以外に、写真や完成された絵をベースにして、ドット絵にする方法があります。例えば、図5.20のように、細分化した平面内で線が通る正方形の部分に色を付けるといった方法で簡略化し、ドット絵を作成できます。

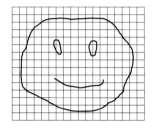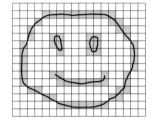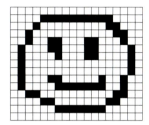

図5.20　線をドット絵にする方法

　実際にはたくさんの色を使っているので、色の成分や数値に対応させ、なるべく少ない色で表現します。切り絵の場合はグラデーションの表現ができないので、どこかで区切りをつけて、白か黒の2色でピクセル化を行います。さらに、下絵はつながっている必要があるため、細かい部分は手動で切り抜くかどうかを選択して作成します。

■**マヌルネコについて**

　今回モチーフにした「マヌルネコ」とは、600万年前から存在すると言われ世界最古のネコとして知られています。モンゴルや中国などの中央アジアの寒い地域に住んでおり、つい最近まで準絶滅危惧種として指定されていました。手足は短く、まん丸でモフモフしたフォルムはぬいぐるみのようですが、厳しい環境を生き抜くために身に着けた姿だと言われています。また、顔は四角形型で、耳が横についています。さらに、イエネコの瞳は明るい場所では針のように細長くなるのに対して、マヌルネコの瞳は丸いまま小さくなります。

　手足が短くモフモフで、耳は横についていて、瞳がまん丸。まさに"かわいいの権化"。どうにかして切り絵のモチーフにしたいと思っていました。

作品リスト

4ページ

Title Rinne
制作年 2023年
サイズ 220mm × 273mm

「輪廻」とは仏教に関する言葉で、「回転する車輪が何度も同じ場所に戻るように、命を持つものが生命の転生を無限に繰り返す様子」を表す。

6ページ

Title Mugen
制作年 2023年
サイズ 220mm × 273mm

「無限」とは、言葉の通り「限りのない様子」を表す。
数の構造や宇宙の謎など、あらゆるところに「無限」は現れる。
例えば2, 3, 5, 7, 11, … といった、数の"原子"である素数は「無限」に存在する。

10ページ

Title Anthropos
制作年 2023年
サイズ 200mm × 200mm

「Anthropos」とは、ギリシャ語で「人間」。
人間は「笑う」能力を本質的に持つ地球上で唯一の動物だと言われている。

12ページ

Title Volatility
制作年 2024年
サイズ 200mm × 200mm

規則のない「ランダム」な形を人の手で実現するのは非常に難しいとされている。
しかし、コンピュータを用いることで「ランダム」な形を表現することができる。

14ページ

Title Spira mirabilis
制作年 2021年
サイズ 200mm × 200mm

ヤコブ・ベルヌーイは、対数螺線の「拡大しても不変である」といった性質に魅了され、ラテン語でSpira mirabilis（驚異の螺線）と呼んだ。

作品リスト

16ページ

Title Triangle
制作年 2021年
サイズ 203mm × 254mm

周期性の中にさらに周期性を持たせることで、
数学的な美しさはより深くなっていく。

18ページ

Title Corazón
制作年 2021年
サイズ 200mm × 200mm

人が「美しい」と感じるものの特徴はなんだろう？
対称性？　周期性？
時には非対称な形や非周期的な動きを入れてみるのも面白いかもしれない。

20ページ

Title Divine pod
制作年 2021年
サイズ 203mm × 254mm

"美しい比率"として知られる「黄金比」は、かつて「神聖比」と呼ばれていた。
曲線の構成要素に神聖比を加えることでどのように表現できるのか。

22ページ

Title Ritmo
制作年 2022年
サイズ 200mm × 200mm

1, 1, 2, 3, 5, 8, 13, 21, 34, 55, 89, 144, …
フィボナッチ数列が奏でる不思議な"リズム"。

26ページ

Title Complexity(5, 5) #1
制作年 2021年
サイズ 203mm × 254mm

複素代数方程式：$z_1^5 + z_2^5 = 1$
氷のような冷たさと結晶構造の美しさ。

27ページ

Title Complexity(5, 5) #2
制作年 2024年
サイズ 200mm × 200mm

複素代数方程式：$z_1^5 + z_2^5 = 1$
錆び付いた金属のような重厚感と、複雑で滑らかな構造の共存。

作品リスト

28ページ

Title	Complexity(6, 7) #3
制作年	2024年
サイズ	200mm × 200mm

複素代数方程式：$z_1^6 + z_2^7 = 1$
青みを帯びた金属光沢と、柔らかく複雑な動き。

29ページ

Title	Complexity(5, 5) #4
制作年	2024年
サイズ	200mm × 200mm

複素代数方程式：$z_1^5 + z_2^5 = 1$
金の美しさと、トルコ石のような華やかなイメージ。

30ページ

Title	Complexity(5, 5) #5
制作年	2024年
サイズ	200mm × 200mm

複素代数方程式：$z_1^5 + z_2^5 = 1$
色の複雑な折り重なりと流動的な様子の中にある秩序。

31ページ

Title	Complexity(6, 7) #6
制作年	2024年
サイズ	200mm × 200mm

複素代数方程式：$z_1^6 + z_2^7 = 1$
奥深い藍の世界と、複雑で繊細な数学の世界の狭間。

32ページ

Title	Complexity(7, 7) #7
制作年	2024年
サイズ	200mm × 200mm

複素代数方程式：$z_1^7 + z_2^7 = 1$
爆発的な華やかさと、凛とした数学的美しさ。

33ページ

Title	Platonic blue
制作年	2021年
サイズ	254mm × 305mm

複素代数方程式：$z_1^4 + z_2^4 = 1$
深海のような深い青の中に浮かび上がる凝縮された美しさ。

▸ 34ページ

Title　Tiamat
制作年　2023年
サイズ　220mm × 273mm

複素代数方程式：$z_1^5 + z_2^6 = 1$
数学の荘厳な美しさと神聖さをイメージ。

▸ 38ページ

Title　Double spiral
制作年　2021年
サイズ　200mm × 200mm

DNAは二重螺線（Double Helix）による立体的な構造になっている。
平面的な二重螺線（Double Spiral）はどのような例があるだろうか？

▸ 40ページ

Title　Red Gate
制作年　2023年
サイズ　200mm × 200mm

複雑に見えるものは、その核となる部分に注目することで
意外にも単純な構造であることに気付かされる。

▸ 41ページ

Title　Blue Gate
制作年　2023年
サイズ　200mm × 200mm

核となる構造がわかると、
新たなものの見え方、捉え方が生まれるかもしれない。

▸ 44ページ

Title　Infinite
制作年　2021年
サイズ　287mm × 378mm

ランダム性と無限性を持つ完結しない世界を見渡してみよう。

作品リスト

45ページ

Title Pixel design #1
制作年 2023年
サイズ 200mm × 200mm

無限の構造を、有限の世界に無理矢理にでも落とし込むことで見えてくる景色がある。

48ページ

Title Flat-foldable mosaic
制作年 2021年
サイズ 200mm × 200mm

「折りたたむ」ことにより、複雑な対称性を生み出すことができる。

50ページ

Title Collapse #4
制作年 2024年
サイズ 200mm × 200mm

崩壊の中に現れる絶対的な秩序とは。

54ページ

Title Karma
制作年 2021年
サイズ 200mm × 200mm

印を付け、ただ線を引く。単純な行為のその先に見える形とは。

56ページ

Title Idea
制作年 2023年
サイズ 200mm × 200mm

美しさの理想とは。複雑さ？　曖昧さ？　それとも単純さだろうか？

▸ 62ページ

Title　Fractus
制作年　2021年
サイズ　200mm × 200mm

雲のようなスカスカな様子は文字通りつかみどころのないものであるが、
確かに「形」は存在している。

▸ 64ページ

Title　Sierpinski mosaic
制作年　2021年
サイズ　200mm × 200mm

我々は、フラクタル図形を理解し計算することができても、
目で見ることはできない。

▸ 66ページ

Title　Gosper curve
制作年　2022年
サイズ　203mm × 254mm

平面図形なのか、曲線なのか、
「次元」で区別できるのか？

▸ 68ページ

Title　Pythagorean tree
制作年　2021年
サイズ　200mm × 200mm

多角的に観察することによって、
物事の捉え方は大きく変わることがある。

▸ 70ページ

Title　$\sqrt{}$
制作年　2024年
サイズ　200mm × 200mm

同じものを並べることで、拡大できる構造とは？

▸ 74ページ

Title　Destruction
制作年　2022年
サイズ　200mm × 200mm

複雑さと繊細さは表裏一体。

76ページ

Title Jerusalem cube
制作年 2021年
サイズ 287mm × 378mm

複数の異なる構造を混在させることで、
調和のとれた美しさを創造できる。

82ページ

Title Restriction
制作年 2023年
サイズ 200mm × 200mm

平面では表現できない「重なり」。

84ページ

Title Jamais vu
制作年 2022年
サイズ 200mm × 200mm

「動き」で形を特徴づける。

86ページ

Title Dynamics
制作年 2023年
サイズ 200mm × 200mm

ドーナツの上の連続的な動きは球面とは異なる構造を持つ。

88ページ

Title Association
制作年 2023年
サイズ 200mm × 200mm

円環構造の中に「捻じれ」を加えることでより複雑化していく。

92ページ

Title Explosion
制作年 2023年
サイズ 200mm × 200mm

円環構造の外側へ。

作品リスト

94ページ

Title	Amoeba
制作年	2023年
サイズ	200mm × 200mm

連続変形における不変的な幾何学的性質とは。

96ページ

Title	Fluctuation
制作年	2023年
サイズ	200mm × 200mm

膨らみはないが奥行きがある。

98ページ

Title	Quake
制作年	2023年
サイズ	200mm × 200mm

ランダム性と立体変動。

100ページ

Title	Distortion
制作年	2023年
サイズ	200mm × 200mm

捻じれ、歪み、膨らみ。
複数の曲線により平面上に表現ができる。

102ページ

Title	Moon shot
制作年	2023年
サイズ	200mm × 200mm

富士山は、静岡県と山梨県に跨る標高3776.12mの活火山。
日本を象徴する山であり、多くの芸術作品で扱われる。

106ページ

Title	Pulsar
制作年	2023年
サイズ	200mm × 200mm

直接目で見ることができない、重複した輪の構造。

作品リスト

110ページ

Title 4-dimentional dragon
制作年 2024年
サイズ 200mm × 200mm

3次元空間に4つ目の軸として「時間軸」を加えた4次元時空。
時間軸を自由に行き来する様子を想像してみよう。

114ページ

Title Time evolution
制作年 2024年
サイズ 200mm × 200mm

混沌とした振る舞いの中にも確かに美しさは存在する。

116ページ

Title Mythic bird
制作年 2021年
サイズ 200mm × 200mm

カオス的な振る舞いの中に見出される"神話"のような美しさ。

118ページ

Title Depth
制作年 2023年
サイズ 200mm × 200mm

遠く、深く、無限に続く。"恐怖"と"美しさ"は表裏一体なのか？

120ページ

Title Interference
制作年 2024年
サイズ 200mm × 200mm

「広がり」と「重なり」と「無垢」。

▸ 122ページ

Title Labyrinth
制作年 2022年
サイズ 200mm × 200mm

上なのか下なのか、つながっているのかいないのか。
その線が描く世界は2次元なのか3次元なのか。

▸ 124ページ

Title Forma
制作年 2022年
サイズ 200mm × 200mm

「正多面体」は5種類しか存在しないことが古代の時代から知られている。
さらにそれらの間に成り立つ関係は美しさを際立たせる。

▸ 126ページ

Title Trinity
制作年 2024年
サイズ 200mm × 200mm

心的空間の構造をトポロジーで用いて解き明かそうとした精神分析家J.ラカン。
彼は人の心を現実界・象徴界・想像界に分類し、
それらの関係をボロミアン環で表した。

▸ 130ページ

Title 捌
制作年 2022年
サイズ 203mm × 254mm

「8」という数字には様々な性質がある。
数論的な性質だけではなく、その"形状"からも多くの神秘的な特徴が得られる。

▸ 132ページ

Title Pallas'cat
制作年 2023年
サイズ 200mm × 200mm

［マヌルネコ］
哺乳綱食肉目ネコ科、別名モウコヤマネコ。
英名のPallas'catは発見者Peter Simon Pallasに由来する。

関連図書

数学アート全般と、テーマごとにいくつか書籍をご紹介しましょう。

数学アート全般

[1] 岡本健太郎、『アートで魅せる数学の世界』、技術評論社、2021.

[2] 横山明日希、岡本 健太郎、『眺めて作って楽しむ数学～アートと数の絶妙な関係～』、技術評論社、2024.

[3] スティーヴン・オーンズ 著、巴山竜来 監修『MATH ART マス・アート～真理，美，そして方程式～』、ニュートンプレス、2021.

[4] 瑞慶山香佳、『数学デッサン教室―描いて楽しむ数学のかたち』、技術評論社、2019.

[5] 牟田淳、『アートのための数学 (第2版)』、オーム社、2021.

[6] 牟田淳、『アートを生み出す七つの数学』、オーム社、2013.

[7] 巴山竜来、『数学から創るジェネラティブアート―Processingで学ぶかたちのデザイン』、技術評論社、2019.

黄金比関連

[1] ハンス・ヴァルサー 著、蟹江幸博 訳、『黄金分割』、日本評論社、2002.

[2] フェルナンド・コルバラン 著、柳井浩 訳、『黄金比―美の数学的言語』、近代科学社、2019.

[3] アルプレヒト・ボイテルスパッヒャー、ベルンハルト・ペトリ 著、柳井浩 訳『黄金分割―自然と数理と芸術と―』、共立出版、2005.

対称性、タイリング、折り紙、騙し絵関連

[1] ヘルマン・ヴァイル 著、遠山啓 訳、『シンメトリー』、紀伊國屋書店、1987.

[2] 伏見康治 著、江沢洋 解説、『紋様の科学』、日本評論社、2013.

[3] 杉原厚吉、『エッシャー・マジック―だまし絵の世界を数理で読み解く』、東京大学出版会、2011.

[4] Brian Wichmann, David Wade, "Islamic Design: A Mathematical Approach", Birkhäuser, 2018.

[5] ダウド・サットン 著、武井摩利 訳、『イスラム芸術の幾何学―天上の図形を描く』(アルケミスト双書)、創元社、2011.

[6] 川崎敏和、『バラと折り紙と数学と』、森北出版、1998.

[7] アル・セッケル 編著、内藤憲吾 訳、『不可能図形コレクション90選』、創元社、2014.

フラクタル関連

[1] 西沢清子、関口晃司、吉野邦生、『フラクタルと数の世界』、海文堂出版、1991.

[2] ケネス・ファルコナー 著、服部久美子 訳、『フラクタル』、岩波書店、2020.

[3] Michael Barnsley, "Fractals Everywhere", Academic Press, 1988.

索引

英字

Helix	15
Spiral	15

あ行

粗さ	85
アラベスク	52
アルキメデス螺線	15
池田アトラクター	115
池田写像	115
イスラム幾何学	52
位相幾何学	91
糸掛け曼荼羅	2
エッシャー	37、123
エルサレム・キューブ	77
エルサレム・クロス	77
エルサレム・スクエア	77
オイラー	7
黄金比	21
黄金螺線	21
折り紙	46
折り線図	46

か行

カイト	53
カイラリティ	131
ガウス	7
ガウス整数	8
ガウス素数	9
カラビ・ヤウ多様体	24
絡み目	127
カリグラフィーアート	52
カントール	67
球面幾何学	42
切り絵	iii
空間充填曲線	67

グモウスキー・ミラ

－のアトラクター	117
－の写像	117
クワッドスフィア	101
合成数	8
弧状連結	91
ゴスパー曲線	67

さ行

サイクロイド	17
ザイフェルト曲面	127
3次元トーラス	107
三平方の定理	69
シェルピンスキー	65
シェルピンスキー・カーペット	65
シェルピンスキー・ギャスケット	60
シェルピンスキー四面体	72
次元	72
射影	24
周期	3
垂直	80
スカルプティング	90
スター	53
ストリング・アート	2
正多面体	125
ゼッケンドルフ表現	23
双曲幾何学	42
双曲タイリング	42、43
双曲平面	37
双曲結び目	131
相似次元	72
素数	7
素数砂漠	8
素数定理	7

た行

対称性	37
タイリング	36

テセレーション …………………………… 36

等差数列 ……………………………… 3、7

トーラス ……………………………………… 87

ドット絵 ………………………………… 133

トポロジー ……………………… 91、112

ドラゴン曲線 …………………… 67、78

トロコイド ……………………………… 17

な行

波の干渉 ……………………………… 121

捻じれトーラス ……………………… 89

捻じれの位置 ………………………… 80

は行

ハイポサイクロイド ………………… 17

ハイポトロコイド …………………… 17

ハインツ・フォーデルベルク ……… 39

白銀比 …………………………………… 71

8の字結び目 ………………………… 131

ピクセルアート ……………………… 133

非周期タイリング …………………… 39

非周期的 ………………………………… 37

ピタゴラスの木 ……………………… 69

ピタゴラスの定理 …………………… 69

ヒルベルト曲線 ……………………… 67

フィボナッチ数 ……………………… 23

フーリエ展開 ………………………… 13

フェルマーn次超曲面 ……………… 24

フェルマー螺線 ……………………… 15

フォーデルベルク・タイリング …… 39

複素数 …………………………………… 8

双子素数予想 ………………………… 7

フラクタル幾何学 …………………… 60

フラクタル図形 ……………………… 60

プラトンの立体 ……………………… 125

ペアノ曲線 …………………………… 67

閉曲線 ………………………… 13、63

平行 ……………………………………… 80

平坦折りの理論 ……………………… 47

平坦トーラス ………………………… 87

平面充填 ……………………………… 36

ペタル …………………………………… 53

ベルヌーイ螺線 ……………………… 15

ペンローズ・タイル ………………… 39

ペンローズの三角形 ………………… 123

ポアンカレ円板モデル ……………… 43

包絡線 …………………………………… 7

ボロミアン環 ………………………… 127

ま行

ミウラ折り …………………………… 47

ミラー対称性 ………………………… 24

無限次元 ……………………………… 104

結び目 ………………………………… 127

結び目理論 …………………………… 127

メリディアン ………………………… 93

や行

ユークリッド幾何学 ………………… 42

ユークリッド平面 …………………… 42

歪み ……………………………………… 85

4次元の可視化 ……………………… 104

ら行

螺旋 ……………………………………… 15

螺線 ……………………………………… 15

乱数 ……………………………………… 13

リード・ソロモン符号 ……………… 43

力学系 ………………………………… 115

リサジュー曲線 ……………………… 19

離散力学系 …………………………… 115

リスティングの結び目 ……………… 131

ルジャンドル ………………………… 7

ルドルフ・シュタイナー …………… 2

ロジャー・ペンローズ ……………… 39

ロゼット ……………………………… 53

ロンジチュード ……………………… 93

著者プロフィール

岡本 健太郎（おかもと けんたろう）

1990年生まれ。山口県下関市出身。九州大学理学数学科卒業。同大学院数理学府博士後期課程修了。博士（数理学）。

現在、和から株式会社の数学講師を務める。数学教育に力を入れており、「楽しめる授業」をモットーに学生から社会人まで幅広く授業を展開。また、数学を使ったアート活動（切り絵）を通して、数学の有用性だけでなく美しさや魅力について積極的に発信。

本書の最新情報は右のQRコードから書籍サポートページにアクセスのうえ、ご活用ください。
本書へのご意見、ご感想は、以下のあて先で、書面またはFAXにてお受けいたします。電話でのお問い合わせにはお答えいたしかねますので、あらかじめご了承ください。

〒162-0846　東京都新宿区市谷左内町 21-13
株式会社技術評論社　書籍編集部
『切り絵アートで魅せる現代数学の世界』係
　　　　　　FAX:03-3267-2271

● 装丁　　　　小川 純（オガワデザイン）
● 本文DTP　　株式会社トップスタジオ
● 撮影協力　　大日本印刷株式会社

切り絵アートで魅せる現代数学の世界

2025年2月5日　初版　第1版発行

著　者　　岡本　健太郎
発 行 者　　片岡　巌
発 行 所　　株式会社技術評論社
　　　　　東京都新宿区市谷左内町 21-13
　　　　　電話　03-3513-6150　販売促進部
　　　　　　　　03-3267-2270　書籍編集部
印刷／製本　TOPPANクロレ株式会社

定価はカバーに表示してあります。

本の一部または全部を著作権法の定める範囲を超え、無断で複写、複製、転載、テープ化、あるいはファイルに落とすことを禁じます。造本には細心の注意を払っておりますが、万一、乱丁（ページの乱れ）や落丁（ページの抜け）がございましたら、小社販売促進部までお送りください。
送料小社負担にてお取り替えいたします。

©2025 岡本　健太郎
ISBN978-4-297-14671-9 C0041
Printed in Japan